北京市科学技术协会
科普创作出版资金资助

从地球出发——太空科学实验与应用

遥看大地
那些事儿

张玉涵 著

U0178404

文化发展出版社
Cultural Development Press

图书在版编目(CIP)数据

遥看大地那些事儿 / 张玉涵著. — 北京 ： 文化发展出版社，2021.2

（从地球出发：太空科学实验与应用科普丛书）

ISBN 978-7-5142-3302-5

Ⅰ．①遥… Ⅱ．①张… Ⅲ．①航天遥感—普及读物 Ⅳ．①TP72-49

中国版本图书馆CIP数据核字(2021)第017722号

遥看大地那些事儿

张玉涵 著

总 策 划	高 铭 赵光恒 王志伟
执行策划	孔 健 杨 吉 张智慧
支持单位	中科院空间应用工程与技术中心

出 版 人	武 赫
责任编辑	孙豆豆
责任校对	岳智勇
责任印制	杨 骏
版式设计	曹雨锋
网 址	www.wenhuafazhan.com
出版发行	文化发展出版社（北京市海淀区翠微路2号 邮编：100036）
经 销	各地新华书店
印 刷	北京博海升彩色印刷有限公司
开 本	787mm×1092mm 1/16
印 张	8.5
版 次	2021年11月第1版 2021年11月第1次印刷
审 图 号	GS(2021)7158号
定 价	42.00元
ＩＳＢＮ	978-7-5142-3302-5

如发现印装质量问题请与我社联系。发行部电话：010-88275602

序

"仰观宇宙之大，俯察品类之盛。"从古至今，人们一直将登高远望与洞察古今联系在一起。2017年中央电视台推出《航拍中国》，人们发现，原来站在高处看世界是这样的。一部纪录片，让人们认识中国，认识自己。张玉涵研究员的这本《遥看大地那些事儿》让人们发现，原来听起来"高大上"的遥感技术也可以"飞入寻常百姓家"。

遥感是在不直接接触的情况下，对目标物体或自然现象远距离探测与感知的一门科学和技术。从本书中我们可以知道，遥感已被广泛应用于天气预报、大气探测、大地测绘、地质普查、旱情检测、农作物估产、救灾抢险、赤潮监测、海冰监测等领域，也领略到我国载人航天工程空间应用系统在前瞻性遥感探测技术创新、多领域应用方面取得的突出成就。与此同时，在张玉涵研究员笔下，遥感也是一门艺术，它是一双独特的"千里眼"，帮助我们领略法国圣皮埃尔和密克隆群岛的美丽，记录台风"山竹"的威力，探寻山东半岛的矿产宝藏，发现新疆地区消失的汉唐古长城。

优秀的科普需要优秀的表达，本书的文案生动、有趣，把枯燥的遥感知识叙述得饶有趣味。在讲到合成孔径雷达SAR时，给它取了个绰号叫"斜眼"的雷达胞兄弟，一个诙谐的表达，把SAR的特点描述得客观、形象。在讲到遥感用于气象预报时，从诸葛亮借东风开始讲起，在《三国演义》中，诸葛亮是个"呼风唤雨"的异人，拥有预测未来的能力，那么遥感正是通过现代"黑科技"，赋予我们预测未来的能力。

"我欲乘风归去"，千百年来，中华民族从未停止过飞天的梦想。作者在本书中还展示了月球的高清遥感图像、哈勃望远镜拍下的宇宙一隅……现代遥感技术仅仅是在近40余年发展起来的，为我们认识自己、探索宇宙做出了巨大的贡献，取得了辉煌的成就。我们仍需坚持不懈地探索下去，毕竟无论是地球本身，还是宇宙深处，都还有更多的奥秘有待探索。科普读物就像一缕微光，是知识海洋的灯塔，希望本书能点燃读者的热情，启迪读者的智慧，去认知世界，解开浩瀚宇宙的一个个未解之谜。

国际宇航科学院院士、中国载人航天工程空间应用系统总指挥

高铭

前　言

　　航天活动给人们最直观的感受就是"放卫星"，是高科技的彰显。每当人们从电视上看到火箭腾空而起，"一飞冲天"的震撼场面，都会心中波涛澎湃，兴奋不已，感觉那是一件"很牛"的事儿，中国能够放卫星、造飞船，很骄傲、很自豪……然而人类为什么要航天？航天对于广大民众到底有什么直接关系？也许大多数人并不是太清楚。

　　全世界凡是有一定经济基础和技术能力的国家，都千方百计地想发展航天事业，即使是一些发展中国家，也跃跃欲试想成为一个航天大国，这绝不仅仅是为了彰显那个"腾空而起，拖着长长尾焰飞向太空的壮观画面"，而是因为航天对于一个国家的国民经济建设、民众生活水平、国家科技水平、国家领土安全等方方面面都有着无可替代的社会应用效益。而这些效益并不来自发射的火箭，也不是来自由火箭送上天的卫星、飞船，而是通过装在卫星、飞船上的设备获取来的。换句话说，火箭把卫星、飞船送上天就完成了任务，它只是卫星、飞船上天的"交通工具"；卫星、飞船是行驶在天空的"车"和"船"，而搭乘它们的"乘客"——有效载荷仪器设备才是执行空间应用任务的"主角"：或负责导航定位、通信转发，或实施科学实验，或对天遥看浩瀚星河，或对地观测地球大气、海洋和陆地，或实施军用/民用的某项指定任务……总之，依赖"乘客"们各显神通，产生社会应用效益。但是，担当"主角儿"的应用有效载荷，没有火箭那一飞冲天的张扬，也没有卫星、飞船那么光鲜的外表，通常都在热闹的发射场面之后，悄悄"登台"默默

地干着自己的事儿，因而不太引人关注，即使偶尔有所报道，充满高深专业术语的言辞也让大多数听众不知所云。因此，常常有人会提出一些相关问题，譬如："这次发射的卫星干啥用？""卫星飞那么高，能看到地面啥？""遥感是怎样辨别地面物体性质的？""遥感真的可以发现地下宝贝吗？"等，这些看似很简单的问题，却往往没有令人满意的口头答复。

通常所说的航天事业包括两大范畴，一是卫星、飞船、运载火箭等在内的航天技术；二是获取社会效应的航天应用。而航天应用又是一个非常广泛的大概念，它包括了方方面面。例如，①服务于全球气象预报、民众生产活动、国家经济建设，以及国防军事建设与活动等而开展的地球大气、陆地、海洋探测研究的对地观测应用；②利用卫星在地球上空几百到几万千米高度的优势，在卫星上安装无线电转发器，提供覆盖全球的通信、导航、定位应用；③认知太阳系行星际空间乃至浩瀚宇宙空间的空间天文、空间物理探测研究应用；④利用空间特殊环境开展的基础物理、化学、生物学等基础科学的实验研究应用；⑤促进人类航天、载人航天技术可持续发展的若干新技术、新方法的试验应用等。显然在这里不可能全面介绍所有航天应用知识。空间对地观测是世界各国开展得最多的航天应用，也是与民众利益最直接相关的应用领域之一，所以，本书着重向读者讲述空间对地观测的基本知识，以及它产生的社会效益，提升民众的科技知识水平，拉近普通

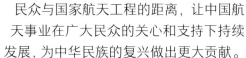

民众与国家航天工程的距离，让中国航天事业在广大民众的关心和支持下持续发展，为中华民族的复兴做出更大贡献。

为什么说，空间对地观测是与民众利益最直接相关的航天应用领域之一呢？举个大家最熟悉的例子：今天是晴天还是雨天，有没有雷雨大风？出门需不需要带上雨具？气象预报是人们每天最关心的事儿，暴风、暴雪、严寒、高温、干旱……这些自然现象会直接影响到人们正常生产活动；影响到农作物生长状态；影响到农、林、牧、副、渔等各行各业当年收成的好与坏；影响到各项工程建设的规划、实施和进度等。重大气象事件还会引起洪涝水灾、山体滑坡、泥石流、森林火灾、瘟疫疾病等次生灾害，危及民众生命财产安全，危及整个国民经济建设计划的正常实施，造成民众与国家的重大经济损失。显然，准确的气象预报直接关系到民众的幸福生活指数，同时也是国家科技水平的标志之一。而自然天气现象的发生，正如笔者在《地球周围那些事儿》书中所讲过的，是地球周围大气层的运动造成的，这种地球大气层的运动，在地面无法观察到它的发生、发展的全过程。但是，如果人们能够站到地球大气层上面的高空去，并利用先进的对地观测设备，则可以一览无余，把每时每刻正在发生和发展的大气运动现象看得清清楚楚。现在的气象预报远比 20 世纪 80 年代要准确，正是因为有了航天技术，可以利用卫星等航天器的轨道高度，非常精确地观测到地球大气层运动的全景图像，为气象预报人员提供准确的气象变化数据和图像，进而做出更准确的气象预报。

航天对地观测，不仅仅在气象预报方面发挥着重大作用，在若干关系民众生活与国民经济建设、国防建设的领域也发挥着其他技术不可替代的作用。我们生长在地球上，脚下的土地就是命脉！我们的国土有多大，它的地形地貌如何，有多少森林、草场、耕地、沙漠、荒原、湿地、水域；在我们的国土之下，有哪些矿藏，如石油、煤炭、天然气，以及金、银、铜、铁等资源；我们的海洋有多大，它每天的潮起潮落，蕴含着多少可以被利用的资源；海底沉睡着多少宝贝，哪里有石油，哪里有渔场；城市建设与发展情况，农业生产的种植、生长状态，以及哪里发生了森林火灾、地震、泥石流、洪涝灾害，受灾面积有多广、损失有多大……这些通常在地面都是难以准确发现、快速探测、快速统计和评估的，但是利用航天器站得高、看得远的优势，利用先进的航天遥感技术都可以一目了然，准确、快速地搜集信息，再由专业科学家进行信息筛选和处理，从而获取到农业、林业、地质、海洋、气象、水文、军事、环保等各个不同应用目标的遥感资料，利用这些资料，科学地指导国家经济发展计划的制订和实施，合理利用土地和矿产资源，正确处置和应对自然灾害，以及国土防卫。

航天遥感是 20 世纪 50 年代提出，60 年代起步，70~90 年代迅猛腾飞起来的一项全新高科技技术，它涉及地球物理、空间物理、海洋学、气象学、地质学等多学科基础知识，也涉及光学、机械、电子学、材料学、信息学，以及通信传输等前沿高技术。本书是笔者根据近年来的科普宣传积累，在不失专业表达准确性的前提下，向读者介绍航天遥感及应用的一些基本常识，宣传航天、载人航天带给人类文明进步、推动社会发展、提升民众幸福生活指数的真实意义，进而提升各阶层民众对航天事业的支持与关注度。本书为非遥感专业的航天科技工作者和相关部门的组织管理者，提供相关遥感应用意义和基本的知识普及，同时也适宜于需要了解航天应用知识，具有中、高文化程度的普通民众阅读，对于大多数在校大学、高中学生，本书也许能提升你的科技兴趣，对你励志成为未来中国航天应用事业接班人提供一点助力。

最后，两点声明：

1. 在本书成稿过程中，邀请了部分专家学者和普通民众审查和阅读，我国知名遥感技术专家、中国科学院上海技术物理研究所郑庆波研究员对全书做了审查修改；国家空间中心老科协郭时雍、陈思文、吴汉基、周锦玉等老同志提出了许多宝贵意见，在此向他们表示感谢。

2. 本书中部分图片在使用时，无法与著作权人取得联系，相关图片著作权人见到后，如有疑问请与作者联系。

张玉涵

2021 年 6 月

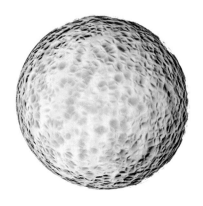

目录

第3章　无线电波也可以探测物体

第4章　遥感影像是如何制作出来的

第 5 章 航天遥感用处多

第 **1** 章

什么是遥感

遥远的感知

　　这里主要是讲述航天遥感。所以，首先要对"什么是遥感"及相关的专业术语做一些简单介绍。

　　什么是遥感？按照中文组词规律，从字面上通俗地解释，就是"遥远的感知"。所谓"遥远的"，就是没有直接接触的、远距离的；"感知"，就是能够看到、感觉到。而"遥感"这个中文名词是 20 世纪 60 年代才开始出现的，指不直接接触物体本身，从远处通过仪器探测和接收来自目标物体的信息，经过信息的传输及处理分析，从而识别物体的属性及其分布等特征。

　　对外部世界的"感知"是人的本能，因此单从"感知信息"这一功能去理解，人体本身就是一个很好的综合遥感器，眼、耳、鼻、舌、身是人的五大感知器官，它们相互配合接收外部世界的声、色、气、味、形等构成认识事物的综合信息。但是，人的感知能力非常有限。譬如，用眼睛观察外界事物时，只能借助阳光看到有限距离的景物，即使是晴好的天气，人们能够看到的距离也不超过数千米，而且还与所看物体的大小、颜色，以及所在距离远近和周围环境有关。视力再好的人，也无法看清楚距离 3 米之外，只有小米粒儿大小的东西。如果是在黑夜，没有光照条件，眼前就是一片黑暗，什么也看不见。所以，如何扩大人的感知能力，使

其看到更远的景物，清晰地辨别所见事物的形态与本质，一直是智慧人类所幻想、所追求的目标。古往今来许许多多描述人类追求超乎寻常感知能力的民间传说，就是证明。例如，中国著名神话小说《封神演义》中讲过一个故事，在"武王伐纣"的战争中，周军统帅姜子牙遇到敌方有两个"特异功能"的对手，一个叫"周明"的具有非凡视力，号称"千里眼"；另一个叫"周觉"的具有特异听力，号称"顺风耳"。这两人跳到云端，能把姜子牙部队的一举一动看得清清楚楚，能把姜子牙的命令、部署听得明明白白，让姜子牙屡屡受挫（图 1–1）。后来经过高人指点，二郎神杨戬查出了这两个"妖怪"的来历，一举捣毁了他们的老巢，姜子牙才取得了那场战争的胜利。

　　上面故事中的千里眼、顺风耳是作为反面人物出现的。但是，他们超凡的感知能力却成为驱动人类文明发展的重要动力之一。

　　伴随现代科学在欧洲的出现，近代科学先驱之一的伽利略发明了望远镜，大大增加了人眼能及的可视距离，他看到月球上的"山"和"海"，他形容月亮的容貌是一张"千疮百孔、丑陋不堪的大麻脸"；在伽利略的望远镜里面，"星星还是那些星星"，却明亮了许多！而且他还看到了原先肉眼无法见到的许多小星星。

图1-1 千里眼、顺风耳

德国物理学家赫兹、英国物理学家麦克斯韦尔、意大利物理学家马可尼、俄罗斯物理学家波波夫等人对电磁波的发现与无线电技术的应用，使得人们能够侦听到正常听力无法感知的无线电信息。

20世纪50年代，人类突破地球引力，人造卫星上天，开拓了一个崭新的航天时代，随后出现的航天遥感技术，把人类的感知能力扩大到远远超过"千里眼、顺风耳"幻想的境界。

国标GB/T30114给出的遥感术语定义是："采用非接触的，远距离探测技术，对目标物的电磁波辐射、反射或散射进行感知和测量，通过必要的反演处理和分析，揭示观测对象的形态、物理和生化参数的方法和技术。"装载在卫星上的遥感器就是利用的这种探测技术。利用航天器轨道高度，类似照相机原理的光学遥感器能够看得宽，看得细，一幅影像可以覆盖几千米、几十千米，乃至几百千米（图1-2），能够分辨几十米、几米，乃至几厘米的物体；光谱遥感器能够

图1-2 中国西部某地遥感图片

看得很细，细到能看清物体的内部物质组成成分；微波遥感器还不受云雾和伪装隐蔽遮挡影响、不受光照影响，能够看到天上的、地面的、地下的、海里的⋯⋯可以说，在信息化时代的今天，借助高技术的遥感仪器设备，能够随心所欲看到想看的一切。

信息与传递

什么是信息？是指用影像、文字、数字、声音等各种形式记载、表达的客观事物状态和运动特征，以及行为、意识的知识。信息的获取、传递与应用是人类社会活动的重要行为之一。

20 世纪 40 年代第二次世界大战中发生过一个重要历史事件：1941 年 12 月 7 日，日本海军偷袭美国夏威夷珍珠港（图 1-3），由于美国人毫无防备，瞬间被日本人炸沉四艘战列舰、两艘驱逐舰和 188 架飞机，导致 2400 多名美国人丧生、1250 余人受伤。由于珍珠港事件的发生，美国人才对日宣战，才有了后来的太平洋战争、诺曼底登陆、长崎和广岛的原子弹爆炸……而珍珠港事件的发生则完全是因为一个"信息传递"失误造成的，至今还是许多军事专家研究的课题。

图 1-3 珍珠港事件历史图片

有一种说法是，早在事件发生前，中国的情报系统就通过无线电侦测，获取并破译了日本偷袭珍珠港的情报，然而当时盟军的绝大多数代表对这个情报却表示怀疑，因为他们认为"中国情报机构的业务和技术水平，根本不可能获得如此重要的军事情报！"而没被美国政府重视。这也从另一角度说明，当一个国家处于贫弱、受欺状态时，连说真话都没人听！如果当时的美国政府，稍微重视一下这份来自中国的情报信息，有所防备，是不是就可以避免一场惨痛的损失呢？

上面这个历史故事说明了信息传递的重要性，再好的观测与侦听手段，获得的情报信息不能真实地传递，不被利用，就失去了意义！遥感信息的记录与传递同样如此，感知的信息不能传递，就没有应用，只有通过传递与交流才能发挥作用，让更多的群体或个人受益。

在人类文明发展史上，信息传递方法总是伴随文明的进步而进步：在没有语言之前，信息传递依靠肢体动作演示传递给伙伴；在产生语言后通过口口相传，讲述给同类（图 1-4）；出现文字后，随着文明进步分别将观察到的信息记录在甲骨、兽皮、树皮、竹简、纸张上，再传递给受众，所以造纸术的发明被视为人类文明的一次伟大跨越。

图 1-4 智人时代的狩猎者讲述狩猎场景

仅对信息交流与传递而言，绘画技术的产生又是一次重大跨越，它把所见景物场景或人物、动物形象描绘下来，比文字更加形象、逼真，但仍然无法做到百分之百不失真地传递信息。18 世纪照相机的发明，实现了信息记录和人的观察感知同步，真实地记录与传递了外部事物信息，是划时代的进步，使得今天的人们通过照片还能够看到远在18世纪的真实场景。

但是，照相技术所能够收集的信息非常有限。例如，用最先进的普通智能相机拍摄一张照片，照片上的山、水、树木、人物，都很清晰，可以辨别出人的五官和四肢，是男是女，是老人还是小孩，是张三还是李四，辨别出他们穿的衣服，戴的手表，也可以辨别出人物背后的房屋、车船和树木花草……但是，你无法看到张三、李四衣服口袋里装的东西，也看不到车船里面装载的货物。如果是夜晚，没有光线，你更无法获得这张照片，而且这张照片所能看到的场景也只是一个有限范围，反映的景物也只是有限距离之内的，太远的景物就看不清楚了！

现在专门设计的航天遥感器，装载在卫星或飞船上，几乎可以观察到我们想要看的一切事物和景观，绵延千里的云层，浩瀚无际的海洋，五彩缤纷的山河大地……航天可见光照相遥感器，虽然和普通相机的信息收集过程相似，但它处在很高的太空，能"拍摄"到比普通数码相机更遥远、更宽阔、更清晰的相片，通过遥感专家的技术处理可以提取出丰富的信息。例如，安装在神舟飞船上的可见光遥感相机，当飞船经过北京上空时，它可以"拍摄"到完整的北京城市照片，宏伟的故宫建筑群、中南海、北海、什刹海、天坛、东西长安街、中央电视台、京广大厦、鸟巢、水立方等众多标志性建筑和著名景区都尽收眼底（图1-5）；如果拍一张华北平原的卫星照片，森林、农田、果园、沼泽、草原、河流、水库、湖泊、池塘，以及星罗棋布的城镇、村庄会历历在目；如果拍一张青藏高原地区的照片，可以清晰地看到莽莽昆仑，雪山绵延，三江汇流，高山、峡谷一览无余。这样的航天遥感图像可以服

图1-5 中国空间实验室获取的北京遥感照片

务于土地、森林、植被、江河湖泊、地质、矿产等国土资源调查，也可以服务于城市规划建设、自然灾害监测、海洋环境、地理测绘、考古、环境监测，更可以在国防军事上用于侦察敌方军事设施、兵力部署、战场动态、打击效果评估等方面。

在信息化时代，掌握先进的遥感科学与技术是一个国家发展水平的标志，甚至直接关系到国家生死存亡的命运。例如，发生在21世纪初的伊拉克战争（图1-6），美国人只用2周时间就占领了伊拉克全境，战争伤亡人数不超过200。其原因就是美国人有以先进的航天遥感技术为核心的现代化情报信息系统，每天有数颗各式各样的卫星，在天上监视着伊拉克军队的一举一动，为美军提供打击目标的精确位置，打击效果的精确图像，让萨达姆的军队毫无还手之力。美国人掌握了战争的绝对主导权，赢得了这场

图1-6 伊拉克战场历史照片

战争，伊拉克人再有钱、再有满腔的爱国热情，因为没有先进情报信息的支持，所以注定了他们要失败。

光与电磁辐射

传统的普通照相机或现代先进的遥感器为什么能够记录外部事物的信息呢？人类通过长期大量的探索与研究，发现世间万物都在不停地吸收、辐射和反射不同类型的能量（图1-7），而且不同物体发出的能量特性是不同的。看到花是红的、叶是绿的，那是因为花反射出来的是红光，绿叶反射出来的是绿光。人的眼睛能看到外部景物或人，是因为外部景物或人对光的反射/辐射传到观察者的眼球上，映在视网膜上；观察者看不到太遥远的物体，是因为来自遥远景物的反射/辐射光能量在传播过程中衰减了，到达观察者眼睛的能量太微弱。如果有一种比人眼睛更敏感的仪器设备能够接收到那些微弱的光能量，就可以获得遥远的景物图像。

图1-7 自然界万物吸收、辐射、反射能量示意图

可见光只是太阳电磁辐射中的一部分。但在17世纪之前，人们却普遍认同希腊先贤亚里士多德的观点："白色的太阳光是一种纯的没有其他颜色的光。"1666年近代科学发展史上最伟大的物理学家、天文学家和数学家，英国人艾萨克·牛顿爵士为了验证白光是不是纯的，他把一面三棱镜放在阳光下，透过三棱镜，光在墙上被分解为不同颜色的条带，于是他得出结论：白色的太阳光并不纯，而是由红、橙、黄、绿、青、蓝、紫七色光组成的，这就是著名的牛顿光色散实验（图1-8）。牛顿爵士这一发现的伟大功绩是开辟了一门新兴的科学——光谱学，光谱学的研究与发展成为当代遥感技术的理论基础之一。

图1-8 牛顿棱镜分光实验

其实，人们早在牛顿之前，就已经发现太阳光的组成并非是"纯白"那么简单，只不过没有实验去验证或深究。因为，人们早就看到过雨后彩虹呈现出的色带；人们都知道站在太阳光下会感到暖和；在日常生产和生活中，会经常利用太阳光来晒干新收割的谷物或潮湿的衣服；当存贮的物品发

霉了，可以拿到太阳光下暴晒，达到杀毒、灭菌的目的。太阳光为什么有这些神奇功能呢？1800年，另一位英国人，物理学家赫胥尔做了一个实验：他按照牛顿光散射实验的方法，把太阳光分成七种颜色的彩色光带，在每一个光带上和紧靠光带的两侧都放上一只相同的温度计，他想看看是哪一种光在发热，使得太阳光变得温暖。赫胥尔的实验结果出乎意料，经过一段时间的照射后，发现各支温度计的读数变化很不一样：光带内各支温度计上升的温度都不高，平均只有2~3℃，在紫色光带外的温度计几乎没有上升，而在红色光带外的那支温度计却明显地上升了7~8℃。他经过反复多次实验验证，得出结论：太阳光除七色光外，在红色光带外还存在一种看不见的"热光"。因为这个光带是在可见光的红色光带之外，所以后来科学上称为"红外线"，它也是太阳光的组成部分之一。

无独有偶，在19世纪末，一位丹麦年轻科学家尼尔斯·吕贝里·芬森看到一只受伤的猫，总躺在阳台上晒太阳。猫的古怪行为给了他启示："太阳光里是不是还有人们没有发现的东西？"于是，芬森开始对太阳光进行深入的分析研究和实验，终于发现了一种人们肉眼看不见的光线——紫外线。这种看不见的太阳光线具有奇特的杀菌、消毒作用，可用于治疗疾病，效果很好，那只猫正是在利用太阳光疗伤。由于芬森的这项发现，使得紫外线在医疗上得到广泛应用，他本人也因此为丹麦人获得了第一项诺贝尔医学奖，欧洲人也风靡起一项健身活动——日光浴。

直到20世纪，科学发展才统一了光和电磁波，完整地认识到地球上万物都沐浴在太阳的电磁波辐射中，太阳就是天然的电磁波辐射源。"万物生长靠太阳"，人们能够感知与观察到外部世界的一切景象和事物，所依赖的可见光线只是电磁波中的一部分，科学上称它为可见光电磁波段。光谱学的研究成果证明：太阳光按波长由长到短，可以分为无线电波、红外线、可见光、紫外线、X射线和γ射线等多个波谱区（图1-9）。太阳辐射经过地球大气层的阻挡，能够到达地面的只是一部分，其中以红外线的能量最多，占50%~70%，其次是可见光，占30%~46%，紫外线最少，只占0.1%~4%。

地球上的任何物体，包括大气、土地、水体、森林植被和人工建筑物等，在温度高于绝对零度（相当于-273.16℃）的条件下，它们都具有辐射电磁波的特性。当太阳光经日地空间穿过大气层照射到地球表面时，地面上的物体就会对太阳光构成的电磁波产生反射和吸收。由于每一种物体的物理和化学特性以及入射光的波长不同，它们对入射光的反射率也不同。譬如，人们在公园里看到的花红树绿，春意盎然，都是因为各种植物所反射的可见光中的谱段不同，反射谱段的能力不同，从而构成不同颜色或不同深浅的同色花朵，有反射红色光的红花，反射黄色光的黄花，反射绿色光的绿叶，还有深红色、淡绿色等，这些不同颜色的反射光构成了一个色彩斑斓的世界！

各种物体对入射光反射的规律叫作物体的反射光谱。不同物体有着不同的反射特征，现代遥感利用这个原理，通过探测器对远处物体进行识别，使用不同的光谱段的探测器，不仅可以对可见光波段的反射特征进行识别，而且可以对红外和紫外波段的反射特征进行识别，也可以用无线电波段、射线波段来探测远处景物或物体，这极大地拓展

了遥感探测范围。

遥感器的分类

在信息化时代的今天，遥感技术成为人们获取信息最先进最主要的手段之一。遥感器的分类，是对遥感科学知识的梳理，为应用选择提供参考，也为新的遥感设备研发提供启示。既然自然界的电磁辐射是包括从无线电波到射线的全频谱范围，那么光学遥感和微波遥感都仅仅是利用了其中一部分，随着科学认知的深入、先进技术能力的提高，遥感技术对电磁辐射波段的利用不断扩展，比可见光波段波长更短的紫外线遥感器成为遥感探测器家族的新成员；介于微波和红外线之间的太赫兹波段利用技术正在探索之中；激光是一种受激辐射的光放大高能量光线，它具有单色性、相干性、高亮度和很好

的方向传输特性，激光遥感成为一个新兴的学科——主动光电技术。

比紫外线波段波长更短的 X 射线探测和 γ 射线探测，虽然也是感知被探测目标的电磁辐射，但是由于地球大气层阻挡，很少应用在航天对地观察中，而在空间天文观测领域却广泛应用，20 世纪末到 21 世纪初，美国发射的四大空间天文台，X 射线探测和 γ 射线探测占据半壁江山。在日常民用领域，主动式工作原理的 X 射线探测器和 γ 射线探测器，由于穿透力强，波长短，定位精度高等特点在医学上用于诊断、手术；在工业制造、交通等行业应用于质量检测、产品探伤……但是习惯上都不把它们纳入遥感范畴。

另外，根据不同应用目的，为遥感器提供观测位置，安装遥感器的平台技术也在扩展，地面的车、船、高塔，空中的飞艇、

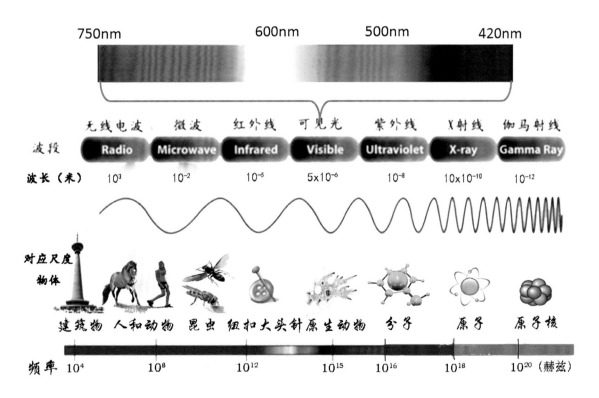

图 1-9 电磁波全波段示意图

气球、飞机、火箭、卫星、载人飞船、航天飞机、空间实验室、空间站等都是遥感探测可以利用的平台。为适应不同安装平台的需求，遥感器也会有技术性能上的差异。就单从航天遥感器而言，不同的航天器，对遥感器的安装位置、体积、重量等方面都会有相应的约束；不同的运行高度，对遥感器的视场、灵敏度等性能要求也会不同；根据航天器的特点，对遥感器的操作控制技术会有特殊要求。以上因素促成了遥感器家族成员"相貌"各异，"性格"难同，使得其分类很难统一。所以在科学界，形成了多种分类形式。

1. 根据电磁辐射的工作波段分为：①光学遥感器，包括紫外遥感器（波长 0.3～0.38 微米）、可见光遥感器（波长 0.38～0.76 微米）、红外遥感器（波长 0.76～14 微米）；②微波遥感器（波长 1 毫米至 1 米），包括微波辐射计、微波高度计、微波散射计、合成空基雷达（SAR）；③射线遥感器，包括 X 射线探测器、γ 射线探测器，主要用于深空目标如黑洞、暗物质等的探测；④太赫兹遥感器（波长 100 微米至 1 毫米或 0.1~10THz 的电磁辐射，处于宏观经典理论向微观量子理论、电子学向光子学过渡的区域），目前包括太赫兹雷达、太赫兹空间天文望远镜等。

2. 根据电磁辐射源分为：①被动式遥感器，探测物体自然电磁辐射获取被观测目标的信息，如可见光照相、微波辐射计等；②主动式遥感器，主动发射电磁波，再接收目标的反射或散射获取被观测目标的信息，如激光高度计、微波高度计、合成孔径雷达等。

3. 根据获取记录的信息形式分为：成像遥感器和非成像遥感器。

4. 根据遥感器的工作原理或性能特征分为：扫描式遥感器、非扫描式遥感器等。

5. 根据应用领域分为：环境遥感器、大气遥感器、资源遥感器、海洋遥感器、地质遥感器、农业遥感器、林业遥感器等。

因此，就目前世界各国遥感技术的发展和应用的现实情况而言，遥感仪器的命名形形色色，粗略估计，仅装备于航天平台上的遥感器，就不下数百个型号。图 1-10 是按遥感器的工作方式和信息特征命名的示例，这种命名方式，基本能够包含目前已经研发的遥感器各大类，在每一类遥感器中，又可以按照功能、性能乃至应用目的划分类别。

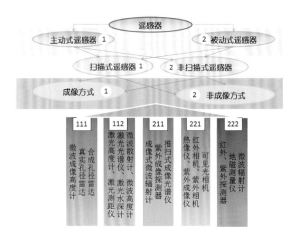

图 1-10 常见遥感器的命名示例图

在众多分类中，按电磁波段划分的方式，概念比较清晰，比较好掌握，因而被普遍采用（图 1-11）。微波遥感器和光学遥感

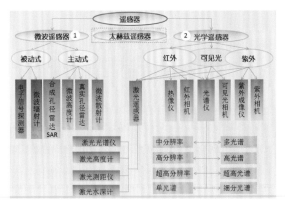

图 1-11 按电磁波段划分的遥感分类图

器是并列的两个大类，微波遥感器分为主动式和被动式两类；光学遥感器包括红外、可见光、紫外三个波段，是被动式遥感器。新兴发展起来的激光遥感是唯一的主动式光学遥感器。微波遥感波段的高端（300GHz）到光学远红外遥感的低端（3000GHz）之间的频率波段，对应的辐射波长从 0.03 毫米到 3 毫米，是目前尚处于探索、研究、开发的太赫兹波段，尚无成熟应用的遥感器技术。

通过探测目标的光谱特征，以判别目标物质结构的光谱仪，在光学遥感器中越来越受到重视，随着光学、电子学，以及光电材料科学的发展，光谱仪应用越来越广，早期的非成像光谱仪逐渐被淘汰，具有图谱合一优点的各种新型成像光谱仪，在应用需求推动下迅速发展。光谱仪，按光谱精度分为多光谱仪、高光谱仪、超高光谱仪、细分光谱仪，按探测目标尺度分为中分辨率光谱仪、高分辨率光谱仪、超高分辨率光谱仪；光谱仪还有既满足分辨率需求又满足某一光谱精度要求的高（中）分辨率/高（多）光谱仪，为了探测风、云、水、地、矿等不同应用目标的卷云探测仪、水色仪、紫外临边探测仪等，形成一个庞大分支，成为遥感器家族中的骄子。

航天遥感的大气窗口

航天遥感的大气窗口是指太阳光穿过大气层时透过率较高的电磁波段。这个专业术语的意思是：安装在卫星、飞船或空间站等航天器上的遥感器，在接收地面物体反射/散射/辐射电磁波能量时，会受到地球大气层的阻挡，地球大气层对不同波段电磁辐射的透过率是不一样的，所以不是所有波段都适合空间遥感探测，根据能量传播性质选择对大气层透过率较高的波段范围来设计遥感器，可以更好地搜集地面目标信息，这些波段就好像是从空间观察地面，地球大气层特别打开的一个窗口。图 1-12 列出了目前航天遥感通常使用的主要大气窗口。

遥感科学家和工程师们根据不同的观测应用目标需要，选择大气窗口中最适合的电磁辐射波段，设计航天遥感器的光谱特性、辐射度量特性和几何特性。

1. 光谱特性是指遥感器根据被观测目标对象，选择的波段范围（带宽）、光谱通道数、各通道中心波长等指标。

2. 辐射度量特性是指遥感器的探测精度（绝对精度和相对精度）、动态范围、信噪比，以及信号转换时的量化等级、量化噪声等。

3. 几何特性是指遥感器能够探测目标的一些几何物理量参数，如表征能够感知空间范围的视场角（覆盖宽度），能够分辨的最小目标尺寸的空间分辨率（瞬时视场）、像元分辨率（图 1-13），衡量基准波段与波段位置偏差的波段间配准等。

一台航天遥感器性能是否先进，并不是单纯看技术指标的高低，而是要结合它做什么用。例如，一台航天光学相机用于战场观测，对敌军事目标侦察，那么就需要它的分辨率越高越好，最好能够分辨出敌方的军事设施细节，乃至分辨出一个单兵装备。通常像元分辨率高于 0.3 米，就归类为军用，世界最先进的军事侦察航天相机对地面目标分辨率已经做到厘米量级。

如果这台光学相机用于地理测绘，那么要求它的覆盖宽度越宽越好，比如能够覆盖几十千米的地域范围，相应地，地面目标分辨率就无须达到厘米量级的水平，几米、十几米的分辨率都可以用。

如果这台光学相机用于大气云图监测，则需要相机具有尽可能宽的覆盖范围（图 1-14）。因为，小的云团几千米，大的云团

传播性质	大气窗口	遥感光谱通道		应用条件和成像方式
反射光谱	0.3~1.3TNR	紫外波段：	0.300~0.315TNR 0.315~0.400TNR	必须在强光下， 采用摄影方式 和扫描成像方式 （只能在白天作业）
		可见光波段：0.4~0.7TNR		
		近红外波段：	0.7~0.9TNR 0.9~1.1TNR	
	1.5~1.8TNR 2.0~3.5TNR	近红外：	1.55~1.75TNR 2.205~2.35TNR	强光照下， 白天扫描成像
反射和发射混合光谱	3.5~5.5TNR	中红外：3.5~5.5TNR		白天和夜间都能够扫描成像
发射光谱	8~14TNR	远红外：10~11TNR；10.4~12.6TNR 8~14TNR		白天和夜间都能够扫描成像
	微波 0.05～ 300cm	W:0.30~0.53cm	V:0.53~0.63cm	有光照和无光照 都能够扫描成像
		Q:0.63~0.83cm	Ka:0.83~1.13cm	
		Kl:1.13~1.67cm	Kul:1.67~7.69cm	
		X:2.75~5.21cm	C:5.21~7.69cm	
		S:7.69~19.4cm	L:19.4~76.9cm	
		P:76.9~133cm		

图 1-12 航天遥感主要大气窗口

图 1-13 分辨率为 1.4 米的上海黄浦江航天照片

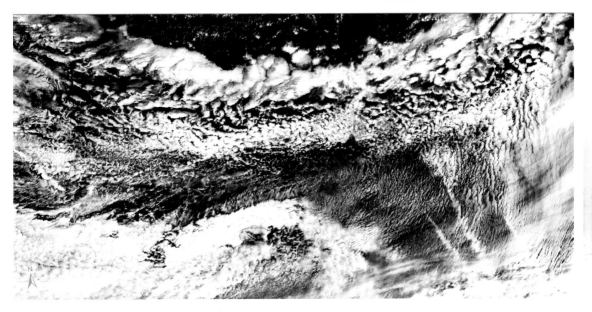

图 1-14 航天光谱——获取的分辨率为 500 米的大气云图

几十、几百、几千千米，要看到一个云系的完整运动过程当然要求相机覆盖范围宽。所以通常气象卫星的轨道都比较高，所用的云图相机或光谱仪都有几百乃至上千千米的覆盖范围，而空间分辨率却只有几十到几百米。

航天对地探测地球大气层圈、水圈（海洋）和陆地生物圈的自然现象和规律以及涵盖人类社会活动的广泛领域。遥感探测技术、遥感应用技术、航天平台技术是航天遥感三个不可分割的组成部分，三者相互支持，合理组合设计，才能够产生最大经济和社会效益。

第 2 章

从照相机到遥感器

摄魂的黑匣子

从遥感的基本定义上理解，可以把人的眼睛比喻为天然遥感器，而照相机则可视为现代光学遥感器的雏形。但是，照相机的发明与发展却经历了漫长而曲折的历程。在19世纪末期，相机开始传入中国时，曾经被国人视为"摄魂的魔盒"而拒之门外。当年外国人第一次把一个黑匣子样的照相机带进中国皇宫，要给慈禧太后照张相做纪念，老佛爷疑惑地允许了，并面对洋人的黑匣子摆好了姿势（图2-1）。可是，当洋人按下快门的瞬间，伴随相机快门"滋滋"的声音，老佛爷突然回过神儿来，惊恐地大叫："快停下，快停下……"事后老佛爷心有余悸，忐忑不安地对人说："这把人装进小黑匣子里，岂不把魂儿给弄丢了！"随着现代科技的发展，当年的"黑匣子"变成了今天人人喜爱的小巧精致的掌中玩具，随时随地，把自己主动装进小小的"魔盒"里，记录下美好、快乐的瞬间。

随着现代高科技的创新发展，照相、摄像技术达到前所未有的新高度。不同应用目的，不同性能的照相机、摄像机品牌繁多，是日常生活、生产和国防、科研等各种社会活动中最理想、最真实的影像记录工具。可是照相机到底是什么时代发明的，最早的发明者是谁？却未必有多少人知道。

在16世纪欧洲文艺复兴时期，人们为了绘画，发明了一种"成像暗箱"技术，这应当是现代照相机的鼻祖。成像暗箱是在一只大箱子的一侧面开个小孔，把外场景物投

图 2-1 陈列在故宫博物院的慈禧太后相片

射到黑箱子内的平板上，供人们观赏，画家就可以在那个平板上真实地临摹出外场景物。其后又经历了大约 300 年时间，1725 年德国人亨利·舒尔茨，发现硝酸银溶液在光作用下会变黑，于是他提出，硝酸银混合物在光作用下可以记录图案；1793 年，法国人尼埃普斯首先设想利用感光物质来固定小孔镜箱所形成的影像；1822 年，尼埃普斯终于实现了他的想法，通过长达 8 个小时的时间，获得了一张影像模糊的画片。这一突破使得他异常兴奋，于是他开始潜心研究感光材料，经过 4 年时间，终于在 1826 年使用感光性沥青拍摄出世界上第一张照片《窗外》，但其清晰度还是不太令人满意（图 2-2）。

图 2-2 尼埃普斯拍摄的世界上第一张照片《窗外》

1839 年，法国画家达盖尔使用两个木箱组成暗室，把一个木箱插入另一个木箱中进行调焦，用镜头盖当快门来控制曝光时间，采用银版作为感光材料，拍摄出了清晰的图像（图 2-3），这应是世界上第一台有实用意义的照相机，不过它的曝光时间还是长达三十分钟。

从达盖尔的木箱照相机问世至今的一百多年间，照相机技术得到不断改进和发展：1841 年光学家沃哥兰德发明了第一台全金属机身的照相机；1861 年物理学家马克斯威制成了世界上第一张彩色照片；1866 年德国化学家肖特与光学家阿贝在蔡司公司发明了钡

图 2-3 达盖尔拍摄的《画室》照片

冕光学玻璃，产生了正光摄影镜头，使摄影镜头的设计制造，得到迅速发展；1888 年美国柯达公司生产出了新型感光材料——柔软、可卷绕的"胶卷"；1925~1938 年间德国的莱兹、罗莱、蔡司等生产出了小体积、铝合金机身的双镜头及单镜头反光照相机；20 世纪 60 年代后，日本的小西六摄影公司生产出世界上第一台自动调焦的柯尼卡 C35A 型 135 照相机以及双优先式自动曝光的美能达 XDG 型 135 单镜头反光照相机；在 21 世纪初，半导体成像器件开始广泛使用在相机制造技术中，胶片相机逐渐退出历史舞台，数字式照相机和摄像机成为广泛应用在各个领域的影像记录工具。今天，相机应用的普及率超过任何一项发明，每个人手中的智能手机都嵌入了一台微型相机，兼备摄、录像两大功能。

在人类开拓航天事业之后，照相机也跨入航天领域，成为航天员记录和观察舱外世界的重要工具。同时，照相机也是现代航天遥感技术的第一代探测设备，被广泛应用于军事和民用的对地观测任务中。

"小孔成像"是中国人的发明

很少有人想过，无论是普通相机还是应用在太空的光学遥感器，一个小小的镜头，

为什么能够把一个宏大的外部场景装进去呢？这涉及一个经典光学理论问题。

自然界光的传播过程，早在 2000 多年前，就引起许多著名的先贤、达人的兴趣，有文献记载：中国战国时代伟大思想家墨子、法家韩非子，古希腊哲学家亚里士多德、数学家欧几里得，中国西汉淮南王刘安、北宋科学家沈括等人都曾经潜心研究过光的自然传播现象，并通过实验精准地阐述了现代几何光学的基础——"小孔成像"原理。

当外部自然光从一侧通过平板上的小孔时，在平板另一侧会形成倒影。我们可以做一个实验来验证（图 2-4）：在一支燃烧的蜡烛和屏幕之间放上开一个小孔的挡板，调整好位置，可以在屏幕上得到清晰的烛光影像图。如果移动小孔或烛光或屏幕的位置，都会发现屏幕上的影像大小会变化。前人对小孔成像理论的认知，为 16 世纪照相机的发明奠定了坚实基础。

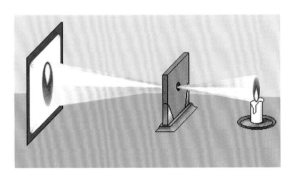

图 2-4 小孔成像原理实验

小孔成像的发现，并不是西方人的专利。中国典籍《墨子》在《经下》篇中记载，早在公元前 400 多年，战国时代的墨翟（墨子）就系统研究过小孔成像现象。这是被世界公认的、有记载的对小孔成像最早的研究和论著。墨子通过实验（图 2-5）提出了"光是直线传播"的理论，通过小孔所形成的物

像是倒像，影像的大小与物体的斜正、光源的远近有关，倾斜的物体或光源远则影长细，物正或光源近则影短粗，如果是反射光，则影像会出现在物与光源之间。尤其值得一提的是，墨子还对平面镜、凹面镜、凸面镜等进行了相当系统的研究，提出了几何光学的一系列基本原理，20 世纪英国人李约瑟在其鸿篇巨制《中国科学技术史》中称，墨子是几何光学基础的奠定者，把这个一直视为西方人的"专利"授予了 2400 多年前的中国人。

图 2-5 墨翟关于小孔成像原理的演示

"光学"的祖师爷——墨子

墨翟不仅仅是中国古代最伟大的思想家、政治家之一，他在宇宙学、数学、物理学、工程学等诸多现代科学领域中都有着杰出贡献，他的某些科学观点远远超前于号称现代科学发源的西方文明。例如，关于宇宙的认识，他最早提出时间和空间都是连续不间断的概念，他定时间为"久"，空间为"宇"，"久"涵盖古、今、晨、暮的一切时间，"宇"涵盖东、西、南、北、中的全部空间；在数学方面他最早定义了"倍"乘、相"等（平）"、对称（中）、圆、正方形的概念，最早提出了三点共线，十进制计数法理论和圆规、直尺（矩）的使用等，其中一些几何学概念要超前于欧几里得几何原理 100 多年；在物理学方面，墨子的研究涉及力学、光学、声学等多个学科分支。墨子给力的定义是："使物体运动的作用"叫作力；

墨子通过解释两质量相当的物体碰撞后，各自朝相反的方向运动，阐述了作用力和反作用力的关系；墨子以杆秤为例，解释了杠杆原理，并对杠杆、斜面、重心、滚动摩擦等力学问题进行了系统研究。所以，称墨子是中国自然科学的开山鼻祖，一点都不过。为了纪念这位古人的伟大功绩，在墨子故乡山东滕州建立了墨翟纪念馆（图2-6），中国在2016年8月16日发射的首颗量子科学实验卫星被命名为"墨子号"卫星。

图 2-6 墨子故乡山东滕州的墨翟塑像

照相机中的巨无霸—— 航天遥感相机

众所周知，要照出高质量的照片有许多条件限制。例如，天气的好坏，决定了自然光线的强度、能见度。所以，需要用相机光圈、快门来选择合适的曝光量，通过焦距（像距）调节来选择景物的景深和清晰度，以及取景的位置、视场范围等。一般相机在夜晚及昏暗的环境中都无法拍照，更无法穿透遮挡物，看到那些被隐蔽的，更丰富的场景信息。

现代遥感探测器虽然启蒙于照相机技术的发展，但航天应用的可见光相机并不是简单地将普通照相机直接搬到天上去，而是综合了20世纪中后期现代光学、光谱学、材料学、感光化学、半导体科学、电子学、计算机科学等多个高科技领域先进成果，全新发明创造、开拓出来的航天遥感新技术装备。

照相机人人都会使用，一台高级照相机最多只有一个挎包大小，但航天可见光相机却是个庞然大物，并且有复杂的操作控制系统。例如，一台最普通的航天可见光照相机（图2-7）就像一尊大炮，仅相机机身的长度就约1.7米，高度约0.8米，重达170千克，焦距2.7米，镜头直径0.5米，安装在卫星、飞船等航天器上，通过天地操作系统的控制对地面照相，可以看到12千米宽度的地域范围，能够分辨地面大于1.5米大小的物体。

图 2-7 航天应用的可见光相机实物照片

现在世界上最先进的航天可见光相机，焦距可以到7米以上，镜头直径可以到1米以上，重达500~600千克，在200至1000千米高空，能够分辨出地面0.01~0.05米大小的物体。那就是说，可以分辨地面上一只脚印，某个人是男是女。可是，即使是这样的"千里眼"也会有看不见的时候，因为它和普通相机一样，依赖地面景物对自然光的反射/辐射，如果是夜晚，没有太阳光的照射，或是白天空中飘浮的云彩遮挡了地面景物对自然光的反射，功能再强大的航天可见光照相机也会变成瞎子，什么也看不见。

从夺命幽灵到红外遥感器

如何在夜晚也能对地观察，拍摄地面景物呢？现代科学常识告诉我们，地面上的任何物体都随时随地有热辐射，有的热辐射强，有的热辐射弱，这种热辐射和可见光辐射一样，都是电磁波，只不过它的波长比可见光的波长要长，在红外线波段内，所以又称为"红外辐射"。如果有一台能够接收物体红外辐射的相机，把接收到的红外线信息转换成影像，那么就可以像可见光相机一样获取到地面景物图像了。

其实，利用红外线来观察物体对大多数人来说并不陌生，红外夜视仪早在第二次世界大战末期就被应用到战场上：1945年夏天，美军在进攻冲绳岛的战争中，遇到了日军的顽强抵抗，日本兵利用复杂地形做掩护，常常夜间才出来偷袭，这让美军十分恼

火。当时美国人刚刚研制出来一种能够夜间看到景物的设备，于是紧急投入战场，立刻改变了战场形势，配备了夜视仪的美军成为"夺命的幽灵"（图2-8），把日本兵的夜间行动看得清清楚楚，当日本兵一如既往地再次夜间爬出坑道偷袭美军时，却突然间遭到迎头痛击。这个美军新设备后来被称为红外夜视仪，没想到它一问世，就在捍卫人类和平的战争中立了大功，为肃清冲绳岛上顽抗的日军发挥了重要作用。

从此之后，红外夜视仪成为先进大国的重要武器装备之一，得到迅速发展，并在历次战争中凸显威力：1982年英国和阿根廷的马岛战争中，英军所有枪支、火炮都配备了红外夜视仪，能够在黑夜中准确发现阿军目标，而阿军却缺少夜视仪不能发现英军，只有被动挨打的份儿；1991年海湾战争中，在风沙和硝烟弥漫的战场上，美军普遍都装

图2-8 夺命的幽灵——配备夜视仪的美军

备了红外夜视器材，随时随地都可以发现对方，实施攻击，而伊军因没有这种装备，成为瞎子，被动挨打，注定了失败的命运。

红外线早在1800年就由英国人赫胥尔发现，但是红外感知技术却发展很慢，直到1940年德国研制出硫化铅和几种红外透射材料后，才使得红外夜视仪、红外遥感器的诞生成为可能。夜视仪和现在的航天红外相机都是利用红外成像，但机理不完全相同：一般的夜视仪自身带有红外光源，它首先发射红外线，再接收目标反射的红外线来看到目标，是一类主动式探测器；而航天用红外相机与日常生活中常见的红外热像仪、红外温度计等一类探测器更类似，它们本身都没有红外光源，而是直接接收目标自身辐射出来的红外线，属于被动式探测器。

但是，航天红外遥感相机远比红外热像仪、红外温度计更先进，它集合了可见光相机的前置望远镜光学系统，所以能够远在天上数千千米的高空感知地面目标微弱的红外辐射。这个"微弱"到底是什么概念？打个比方：有人点燃一根火柴，你能在100米之外感受这个火柴棒发出的热量吗？显然不可能！但是航天红外相机却能在1000千米高空，感知到地面一栋建筑或一片草地辐射的热量，并且根据不同区域部位的能量辐射差异，呈现出全景图像（图2-9）。

火眼金睛的光谱遥感器

孙悟空是中国人家喻户晓的神话人物，一切妖魔鬼怪都能被他的火眼金睛看穿本来面目。现在有一类被称为成像光谱仪的先进遥感器，比孙悟空的火眼金睛还要厉害，它能够看到在可见光相机、红外相机照片中无法分辨的东西。例如，它可以分辨出一个照片中的物体是由钢铁还是木质材料构成的；地面灰暗的景物是泥土还是石头，地下有没

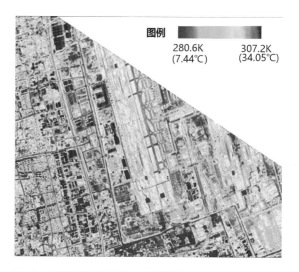

图2-9 某机场热红外遥感影像图

有重要的矿产资源；那白茫茫的是雪、是沙，还是盐碱；绿色覆盖的是森林、是草地还是农作物；土地或沙漠有没有水分，含水量有多高；蜿蜒流淌的河流、银波碧浪的湖泊、烟波浩渺的海洋有没有浮游生物、泥沙或鱼群……

成像光谱仪的"火眼金睛"是因为当它对物体成像的同时能获得该物体的光谱特征。所谓"光谱特征"就是物体对不同波长的光反射/辐射能力。成像光谱仪能够获取被观察物体的光谱特征是因为它相当于许多台数码相机，在同一时刻对同一目标进行拍摄，每个相机只用一块滤光片获取一段很窄光谱段，对目标成像，这些光谱段组成地面景物目标的连续光谱。世间万物都在不停地吸收、辐射和反射不同类型的电磁能量，换言之，任何物质的特性都与它反射/辐射的能量相关，地面物体反射和辐射的波谱不同，表明该物体的物质元素不同、结构不同，生物的、物理的和化学的特性不同。所以只要根据不同的光谱特性曲线，就能够识别出被观测目标物质的种类、特性（图2-10）。

21世纪初，美国科学家首先研制出装

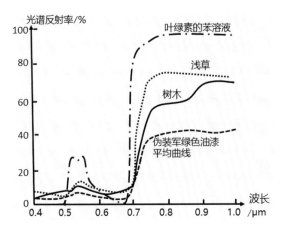

图 2-10 不同地物目标的光谱特性

在卫星上的中分辨率成像光谱仪（MODIS），在可见光到红外（0.36~15 微米）的电磁辐射中，根据探测目标要求，选择 36 个小波段，每个波段的中心频率和波段宽度不同，最窄的波段宽度只有 10 纳米，最宽的 0.3 微米，分别用于探测陆地 / 云 / 气溶胶分界线和特性、海洋水色 / 浮游生物、植物 / 生物化学、大气 / 水汽、地表 / 云温度、云顶高度、卷云、水汽、云特性、臭氧等，涵盖了大气、海洋、陆地的各种应用。这台"火眼金睛"，是光谱遥感器家族中的典型代表。

中国科学家在 21 世纪初，也研制了一台类似的中分辨率成像光谱仪，覆盖从 0.4 微米到 12.5 微米的可见光到红外波段范围，分成 34 个波段，其中 30 个可见光波段是连续光谱，是真正意义上的光谱仪，再配上中波红外和长波红外。2002 年 3 月它搭乘神舟三号飞船成功上天，成为世界上第二个进入太空的"火眼金睛"，获取了大量多光谱图像数据，图像质量清晰，光谱分辨率高，对我国江、河、湖、海的滩涂、悬浮泥沙、水质污染，以及西部地区的地面生态环境、土地沙化、植被分布、地质结构等的调查研究，发挥了重要作用（图 2-11）。现在 MODIS 装备在气象卫星、海洋卫星、陆地资源卫星等

各类应用卫星上，成为光学遥感器中的佼佼者。

图 2-11 神舟飞船中分辨率光谱仪获取的东海及长江口悬浮泥沙影像

光谱特征是地球上任何场景、物质、元素及其化合物都具有的独特性，被视为辨别物质的"指纹"。例如，用一台实验室高光谱分析仪观察一片绿叶，获取的影像中可以清晰地看到叶绿素在叶片中的分布（图 2-12）。同样一片人们肉眼看似可以乱真的、用塑料仿制的绿叶，会被准确识别出来。由此推论，当把高光谱仪搬到天上进行对地观察时，地面上如果有伪装的坦克、火炮、坑道掩体等军事设施，必然会在航天高光谱成像遥感器的火眼金睛下原形毕露。

因此，高光谱、高分辨率成像光谱仪成为世界各国竞相研发的新一代航天遥感器。满足各种应用目标的航天高光谱、高分辨率遥感器光谱通道数量从几十到几百，波段分得越来越窄、越细；地面分辨率从百米级到几十米、几米、米，可以根据应用需求任意选择。它被广泛应用在大气、海洋、陆地等

图 2-12 用光谱仪观察一片绿叶的影像

各个领域：在海洋探测方面，进行海洋水色、水温、海冰、海岸带、悬浮泥沙含量、叶绿素浓度、污染物等海洋生态与环境气候监测；在大气探测方面，进行云层性质、运动规律以及大气成分中的水汽、气溶胶、臭氧、二氧化碳、一氧化碳、甲烷等变化与环境污染监测；在陆地探测方面，观察各类尺度范围内的土壤植被、森林、草地、农作物、沙漠、山地、江河湖海分布、地质构造、土壤沙化和土壤水分含量等地表地理自然环境与生态等。

遥感器的视力

众所周知，眼科医生是根据患者在固定距离下，能够清楚分辨"视力表"上"E"字的方向来测试人的视力。同样原理，安装在空间固定高度平台上的遥感器，能够清楚分辨地面物体最小细节的能力就是遥感器的视力，专业上称为"分辨率"；人的头不动，双眼直视前方，只能看到有限范围内的物体，超过范围就看不见了，安装在固定位置平台上的遥感器也同样有一个视线范围，专业上称为"覆盖范围"。分辨率和覆盖宽度是标志遥感器性能的两个基本指标。

遥感器的覆盖范围，根据设备工作原理不同而有所不同。普通照相机的覆盖范围，就是取景框显示的能够摄入的实际场景大小，20 世纪 90 年代之前使用的胶片航天可见光相机和普通照相机类似，采用画幅式工作方式，按一下快门，获取一张照片，这就是它的覆盖范围。现在的航天对地观测遥感器更多的是采用扫描工作方式，覆盖范围的概念随之扩展。

扫描有两种形式：一是机械扫描（旋转扫描镜或天线）实现视场扩展，这就像摄影师通过摆动相机镜头，获取一幅千人合影照片一样；二是电扫描，遥感器没有机械运动，在平台飞行轨道垂直方向按线性排列多个探测元件组成探测系统，每排探测器元件数与扫描线的像元数相等，工作时探测元件输出的数据值，与其像元的亮度相对应，这样按线性列一个个顺序取样（图 2-13），这种工作方式就像用扫帚扫地，被称为"横向扫描"；航天器平台不断向前运动，等于扫地人向前移动，被称为"纵向扫描"，所获取的影像，是由行和列的像元组成一幅超大图像。显然，无论是哪种扫描工作方式，在航天器轨道高度不变的情况下，都有效地扩大了遥感器的覆盖范围。

分辨率在数字遥感图像上的科学定义是把可观测到的目标上两点之间最小间隔叫分辨极限，其倒数定义为分辨率。在航空、航天领域，遥感器的分辨能力直接使用了分辨极限的概念，解释为：在遥感影像中，将两个物体能够分开的最小距离。也就是说，可分辨出被观测物体尺寸的大小称为分辨率，分辨尺寸越小，分辨率就越高。

什么是两个物体能够分开的最小距离呢？就像一幅精美的彩色十字绣，绣面上一个十字单块是能够分辨的最小颜色单元。以卫星上可见光相机的照片为例：当这台相机

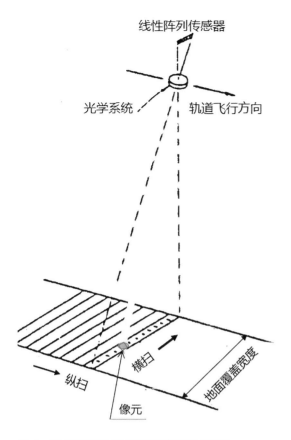

图 2-13 遥感器地面覆盖宽度指标示意图

图 2-14 图像像元解析示意图

标称分辨率为 1 米时，就表示它能够分辨两个相距 1 米的物体，当两个物体距离小于 1 米时，两个物体的影像将合为一体，在影像中只能看成是 1 个点，被称为一个像元（图2-14）（像素点，图中放大的画面是不是和我们常见的十字绣图案非常相似！）。所以"最小距离"就是照片上一个像元所表示的地面区间大小，它在影像图中只是一个点，不管你把影像放大多少倍，一个像元都只是一个点。

像元又称为像素，是反映影像特征的重要标志，在数字影像中是同时具有空间特征和波谱特征的数据元。换句话说，一个像元它既代表了在地面所确定的位置区域面积（空间特征），又记录了那个位置上特定波段波谱变量相应强度（波谱特征），就像十字

绣画面上的一个十字方块，既有位置坐标还有颜色特性；遥感图像上同一像元内的地物只有一个共同灰度值，单个十字绣方块只有一种颜色。所以，像元大小决定了数字影像的影像分辨率和信息量，像元小影像分辨率高，信息量大图像更清晰；像元大影像分辨率低，信息量小，图像就模糊。例如，家用电视机 3840 像素 × 2160 像素的超清分辨率的清晰度就是 1920 像素 × 1080 像素的全清分辨率的 4 倍。

人人都懂得"站得高，看得远"的道理。当你观察视距越近时，能分辨的物体就越小，在几十厘米视距下你能够分辨出小米粒儿大小的蚂蚁，但你看到的范围也最多只有几十厘米；当你站在一个百米高的建筑物顶端，四周又没有其他更高建筑物的遮挡时，你可能会看到数千米之外的场景，但是千米之外的一辆汽车在你眼里也就是一个芝麻点。所以，分辨率和覆盖范围是相互矛盾的：要想分辨率高，覆盖范围就不可能太大；要想覆盖范围宽，分辨率就不可能高。在卫星照片上你可以看到整个北京故宫全景（图 2-15），但是你无法分辨天安门前金水桥的白玉栏杆，无论你把它放大多少倍，都分辨不出栏杆，因为栏杆的间隔小于一个像素。

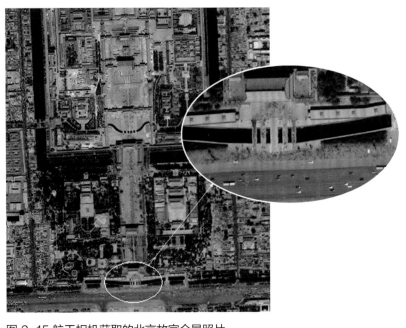

图 2-15 航天相机获取的北京故宫全景照片

空间分辨率是空间遥感器视力的另一种表示方式。远处的物体能够在人眼视网膜上完整成像，跟眼睛与物体之间的距离有关，你站在一辆大客车距离只有 50 厘米的车门前，头不动你不能看到大客车的全貌；你手上拿着一枚绣花针，距离你的眼睛也是 50 厘米，你看不清针上的穿线孔。相同道理，安装在航天器上的遥感器，能看多宽、多远，能否看清楚，也跟从遥感器的焦面到被观测的地物目标之间距离有关。因为，无论是人的眼睛，还是遥感设备观察物体都有一个发散的视场角。当航天器轨道高度越高，视距越大，能够看到的覆盖范围就越宽，少则几千米，多则几十、几百、上千千米。但它对地面目标的分辨率却会因为视距增大而变低。一台卫星上的可见光相机在 300 千米轨道高度上，获取照片的地面分辨率为 1.6 米，像元大小为 1.6 米，如果把轨道高度提升到 600 千米时，它获取的相同地面照片的分辨率就变得劣于 2.5 米，甚至更差。所以，工程上为了表达不依赖航天器轨道高

度的遥感器分辨能力，引入了"空间分辨率"这个指标，单位是毫弧度（mrad），即遥感器一个像元的瞬时视场角（IFOV）大小。空间分辨率对一台遥感相机是一个固定数据，但对应在地面上的地面分辨率（图 2-16）数值却随航天器轨道高度不同而不同。

另外，遥感器"视力"对遥远目标是否看得清楚，还有多种相关因素。例如，当天气很好，光线适中时，我们在 1 米分辨率的可见光卫星影像中，完全有可能看到垂直投影尺寸远小于 1 米的人，却看不见尺寸远大于 1 米的绿地中的绿色帐篷。因为光线对人产生的倒影，超过了一个像元，或者与背景之间的反差很大，所以能分辨出来；绿色帐篷与背景色一致，目标反差小，而且与绿地的界面又远远

图 2-16 空间分辨率的定义示意图

小于一个像元，所以完全融合在绿地中，我们无法识别出来。

现代航天可见光相机焦距大都在 2 米以上，最大焦距已长达 6 米，相当于一个大倍数的望远镜。2005 年以色列发射的"爱神–B"遥感卫星的可见光相机分辨率仅 0.8 米，但从它拍摄的叙利亚泰巴盖大坝图片中可以清晰地看到大坝的建筑全貌（图 2-17）和细节，清晰地分辨出地面上的人和汽车，以及道路上的斑马线。美国军用影像卫星的性能远远高过上述民用卫星，其最高分辨率已达到 0.01～0.05 米，这样的分辨率要识别一个人、一辆车，一点都不成问题，在光照和天气良好时，甚至可以看见细细的高压线。

除了上述这些表示遥感器视力的指标外，根据遥感器的不同类型、不同应用目标，描述其视力的技术指标还有：光谱仪中表示能够区分和识别的最小波段频率带宽的频（光）谱分辨率；表示传感器区分地物目标辐射能量细微变化的能力的辐射分辨率；表示遥感器获取图像信息的时间采样间隔的时间分辨率等，这里不再详细介绍。

图 2-17 以色列遥感卫星拍摄的叙利亚泰巴盖大坝图片

遥感器的"视网膜"

人能看到外部景物是因为被观察物体反射的自然光，通过眼球的晶状体折射成像于视网膜上，再由视觉神经感知传给大脑。同样，一台光学遥感器探测到来自外部景物的自然光，也需要有一个像人眼睛中的视网膜的特殊部件，把它变成一个可以感知、记录、传递的物理量，这个特殊部件就是"光探测器"，或称作"光敏感器"，人们把它比喻为"遥感器的视网膜"。

最常见的光敏感器是把光转换成电量来测量、记录的光电探测器，它对于人们并不陌生。例如，在大街小巷抬头就能看到的交通、治安监视器；商店商场安装的防盗报警器；智能手机上的照相机；新闻记者们手中提的、肩上扛的摄像机、照相机；办公室的复印机、扫描仪；医疗应用的 CT 扫描仪、X 光透视机；现代住宅、城市街灯的光敏开关控制器；航空、航天上大量使用的光学传感器、监视器、遥感器等……从微不足道的生活小设备到太空应用的尖端装备，使用光电探测器的设备随处可见。

从 20 世纪初世界上第一支光电倍增真空管问世以来，随着科技进步，特别是半导体材料技术的发展，光电探测器广泛应用在冶金、电子、机械、化工、地质、医疗、核工业、航空航天、天文和宇宙空间研究等方面，几乎遍及科学技术、国防军事、经济建设的各个部门和领域，成为应用面最广的元器件家族。

光电器件的工作原理大致可分为四大类（图 2-18）：光电子发射、光激发载流子、电荷耦合成像和热效应。不同的光电探测器在不同的领域、不同的测量波段，发挥各自的优势。

基于光电子发射原理的光电器件是光电

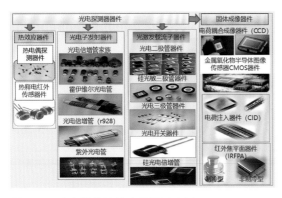

图 2-18 光电转换器件家族谱示意图

管、光电倍增管。这类器件由于有很高的增益、很低的噪声和较宽的波段测量范围，能够测量波长 200~1200 纳米的极微弱辐射功率，是用于闪烁计数器、激光检测仪、光谱分析仪等光学测量仪器最适合的器件。

PIN 光电二极管、光电三极管、光电导管和雪崩光电二极管 (APD) 等都属于受光激发载流子的光电器件。这类探测器体积小、增益高、灵敏度高、响应速度快、组合集成方便，在光纤通信系统中得到广泛应用。20 世纪 90 年代末，利用若干硅光电二极管组成阵列的硅光电倍增管问世，替代了传统的真空管器件，成为极微弱光探测器的发展方向，由于它可以做到多达 1000 ~ 9000 个像素，测量光谱波段 400~1100 纳米，广泛应用于高能物理及核医学等领域。

热电偶型和热释电型探测器属于热效应类光电探测器，主要用于红外线波段的探测，常见的红外报警器多数使用热释电型光电器件；各种类型的温度传感器多数使用热电偶或热电阻型的光电器件。在红外波段中通常有光电型和光伏型的受光（红外线）激发载流子浓度变化的探测器件，广泛应用在航天领域中。红外探测器一般在低温环境中才能正常工作，而可见光探测器一般不需要制冷就能正常工作。

20 世纪 70 年代前，照相机乃至航天可见光遥感区都普遍使用传统的感光胶片，直到 80~90 年代，一类被称为"CCD"和"CMOS"的固体成像器件迅速发展起来，胶片相机逐渐退出，数码相机开始风靡全球。

替代胶片的芯片

人们是否还记得，2009 年的诺贝尔物理学奖获得者是中国香港科学家高锟和美国贝尔实验室科学家维拉·博伊尔和乔治·史密斯三人。高锟被世界公认为"光纤之父"而获此殊荣，而两位美国科学家却是因为发明了图像传感器芯片而结缘诺奖。1969 年，美国贝尔实验室正在开发一种影像电话和半导体气泡式内存技术，博伊尔和史密斯两人将这两项新技术结合在一起，首次研制出一种能够沿着一片半导体的表面传递电荷的装置，几年后研制出能捕捉影像的装置（图 2-19）。这个装置使用的是一个基于电荷耦合原理获取影像的光电转换器件，英文全名是"Charged-Coupled Device"，翻译成中文就是"CCD 器件"，它的发明是照相技术划时代的创新，彻底结束了胶片时代，开启全新的数字影像时代。

图 2-19 20 世纪 70 年代美国贝尔实验室的 CCD 发明者

1974 年，500 单元的线性阵列和 100×100 像素的平面阵列的 CCD 器件正式进入商品市场，迎来了固体成像器件的高速发展时代。经过 30 年的发展，电荷耦合器件（CCD）、互补金属氧化物半导体图像传感器（CMOS）和电荷注入器件（CID）等迅速应用到摄录像机和光学遥感器等影像产品设备中，并在应用需求牵引下，发展出一个欣欣向荣的新型芯片产业：按结构分为线阵 CCD 和面阵 CCD；按光谱分为可见光 CCD、红外 CCD、紫外 CCD 和 X 光 CCD；可见光 CCD 中分为黑白 CCD、彩色 CCD 和微光 CCD 等。

另一类被广泛应用的红外焦平面器件（IRFPA）是将 CCD、CMOS 技术引入红外波段所形成的新一代红外探测器，是现代红外成像系统遥感器的关键器件。IRFPA 按照结构可分为单片式和混合式；按照光学系统工作方式可分为扫描型和凝视型；按照读出电路可分为 CCD、MOSFET 和 CID 等类型；按照响应波段与材料可分为 $1 \sim 3$ TNR 波段的碲镉汞（HgCdTe）探测器、$3 \sim 5$ TNR 波段的碲镉汞、锑化铟（InSb）、硅化铂（PtSi）探测器、$8 \sim 12$ TNR 波段的碲镉汞探测器。

在单片式 IRFPA 器件中，又有非本征硅单片式、本征单片式、肖特基势垒单片式和混合式；按照制冷方式有制冷型和非制冷型；按阵列结构有面阵和线阵；按照阵列大小的型号分类有前光照结构的 1×32、1×128、1×256、1×512 的线列 IRFPA；背光照结构的 58×62、128×128、256×256、640×480、1024×1024 的面阵 IRFPA。

应用最多的碲镉汞（HgCdTe）红外焦平面器件有适用于 $1 \sim 2.5$ TNR 短波接收的 1024×1024 面阵、适用于中波接收的 640×480 面阵和适用于 $8 \sim 12$ TNR 长波接收的 IRFPA 器件；适用于扫描型探测方式的 4×288、4×480、4×96 阵列和适用于凝视探测方式的 64×64、128×128、640×480 阵列等；被广泛应用于近红外

与中红外波段热成像的硅肖特基势垒红外焦平面器件是一类硅超大规模集成电路器件，有 256×256、512×512、640×480、1024×1024、1968×1968 等多种型号。

由于固体成像器件的发明与发展，促成了航天光学遥感的一次革命性跨越。1976 年 12 月美国第五代普查型照相侦察卫星 KH-11 发射，它装载的可见光侦察相机首次使用 CCD 器件成像技术，获得地面分辨率 $1.5 \sim 3$m 的图像，在其后的 KH-12 研制过程中，采用了更先进的小像元和多像元 CCD 器件和长焦距、光学自适应、复杂的卫星稳定控制技术等，使其地面分辨率达到 0.1m，瞬时观测幅宽 $40 \sim 50$km。

光学遥感应用需求的快速增长，推动世界 CCD 芯片产业飞跃，技术日臻完善，品种型号越来越多，一些特殊用途的、技术更先进的新型光电器件不断涌现。例如，增加半导体微镜集成技术的铟镓砷 PIN 光电探测器；使用硅作衬底的铟镓砷 INP 量子阱红外光电探测器；正面进光和背面进光的 SiGe/Si 谐振腔增强型光电探测器……新型光电探测器正朝着超高速、超高灵敏度、大宽带以及超大容量、超大像素单片集成的方向发展，从而再次推动先进遥感设备、相机摄录像设备、光通信、信号接收处理的传感系统和测量系统等各个领域的新一轮跨越。

小小芯片如何记录影像

所谓"传输型可见光遥感器"和人们熟知的数码相机相似，它使用的成像介质不是胶片，而是一种固体成像器件。与数码相机不同的是它获取的图像信息要由无线通信信道传回地面，再恢复成图像。在距离地面 340 千米高度上运行的卫星或飞船，用传输型可见光遥感器拍摄一幅地面影像，可以看到一座城市的全景（图 2-20）。

图 2-20 在 350 千米太空拍摄的日本某城市照片

一只镶嵌在遥感器光学望远镜后端焦平面上的,尺寸不大于十几毫米的固体成像芯片为什么有那么大的能耐呢?我们以数码相机的工作原理来看看这个小小芯片是什么东西。

记录影像的固体成像器件就是 CCD 光敏器件,数码相机的 CCD 光敏器件一般都安装在镜头后的成像焦面上。来自前置光学系统的光线照到上面,入射光子被 CCD 光敏器件吸收并产生相应数量的光生电荷,在光积分期间,光生电荷被积累并储存在彼此隔离的相应像元中,所积累的信号电荷数量反映了照射在该像元面上的光照度(图 2-21)。把光生电荷依次转移至输出区,再通过时序控

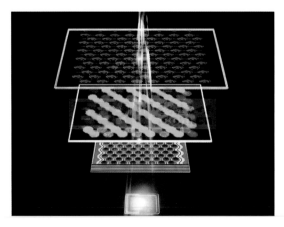

图 2-21 CCD 芯片成像原理剖析图

制并放大,最后输出图像视频电信号。如果是在天上工作的遥感器,则需要将模拟量的视频信号经过模—数变换成数字量信号,编码传输到地面,再进行图像处理,输出照片或视频图像。

我们把一台普通数码相机拆开,就会更直观地看到:照相机内部除了前面的光学镜头和快门等光学结构部件外,后面就是一块电子线路板,而且线路板上一只正对相机镜头光轴的集成芯片特别显眼(图 2-22),那就是替代传统胶卷的固体成像 CCD 器件。

图 2-22 CCD 数码相机的成像示意图

根据不同用途,CCD 芯片可分为线阵 CCD 和面阵 CCD 两大类。

所谓"线阵""面阵"是指把光电转换的光敏元件排成一个单行的线或排成若干个行、列组成的面。组成线阵或面阵的光敏感元件有两种,一是光敏二极管,二是 MOS 电容,它们的功能是完成光信号到电信号的转换。一个完整的 CCD 芯片是由光敏像元阵列与移位寄存器扫描电路两部分组成。线阵器件的特点是处理信息速度快,外围电路简单,易实现实时控制,但获取信息量小,不能处理复杂的图像。面阵 CCD 的结构要比线阵复杂,它由很多微小光敏单元排列成一个方阵,并以一定的形式连接成一个器件,获取信息量大,能处理复杂的图像。

随着半导体集成芯片技术的飞跃发展，根据不同的需要，在一只CCD芯片上可以集成几十万乃至百万、千万个光敏单元，专业术语称为像元，通常要在高倍显微镜下才能看到这些像元的排列结构（图2-23）。面阵器件在民用数码相机中使用普遍，线阵器件在摄像机中使用较多。

图2-23 CCD光敏感单元显微照片
（左：彩色；右：单色）

航空、航天遥感器上选用哪一类CCD器件，需要多少像元数，是面阵还是线阵，得结合遥感器的工作模式来设计。概念上一般要求像元数越高越好，能够获取更清晰的图像，但是过高的像元数，必然增加电子线路的复杂性，数字化和存储、传输容量也要相应增加。选用线阵器件时，遥感器以扫描方式工作，每次获取一行图像信息，依靠遥感器平台运动，逐行递进获取一幅完整图像。近年来，发展出一类被称为TDI CCD的新型光电传感器，采取对同一目标多次曝光，通过时间延迟积分的方法，增加光收集能力，它与一般线阵CCD相比，具有响应度高、动态范围宽等优点，在光线较暗的场所也能输出一定信噪比的信号，可以大大提高遥感器的图像质量。

给探测器装个"空调"

许多用于空间的光学遥感器都会选择1.55～2.35TNR（近红外）、3.5～5.5TNR（中红外）、8～14TNR（远红外）的工作波段。

波长在0.76~1000TNR内的辐射都属于红外热辐射，普遍存在于自然界一切有生命和无生命的物体之中，所有的物质，只要温度超过绝对零度（-273.15℃）就会反射自然光中的红外能量或自身向外辐射红外能量。常温的地表物体发射的红外能量主要在波长大于3TNR的中远红外区，它不仅与物质的表面状态有关，还反映出物质内部组成与温度的关系。利用红外相机、红外扫描仪、多波段光谱仪等空间遥感器来探测地面森林、草场、耕地、沙漠、水体、湿地、城市、建筑等地物目标的红外辐射或反射信息，可以识别大范围内的地物目标特性，确定地面物体性质、状态和变化规律，反演地表温度、湿度和热惯量等物理参数。

但是，用于接收热红外信息的探测器存在两个问题：一是被探测的红外辐射是热光源，会产生大量的热，要想办法把这些热量散发出去；二是为了保证探测器只接收被测目标的红外辐射或反射信息，必须要排除掉探测器自身的发热（专业上称为背景干扰），探测器件要求在绝对接近零度的低温环境下工作。例如，一台涵盖热红外波段的成像光谱仪，使用碲镉汞（HgCdTe）红外焦平面器件作为接收红外波段的光电转换探测器，为了保证探测器正常工作，就必须配置一套低温制冷系统，把碲镉汞红外焦平面器件放在一个相当于-196℃左右的低温环境中，所以红外探测器的制冷技术成为一项重要关键技术。对于超高灵敏的遥感器，为减弱仪器本体的热辐射影响，还需要将整台遥感器冷却起来，称为冷光学。

制冷对大多数人来说都不陌生，在中学课本上就学过许多物理过程和化学过程都会产生吸热现象，热被吸走温度就降低了，就能获得一个比外界温度低的有限环境空间。普通制冷方法，在人们生活中随处可见，譬如空调、冰箱等都有一套制冷系统，它们的工作原理是利用制冷剂物质（如氟利昂）由液态变成气态吸热，从气态变为液态放热的过程来进行热传输，把冰箱内或室内的热传到冰箱外或室外去。

普通冰箱或空调的制冷能力很有限，譬如家用冰箱的冷冻室温度最低也只能到零下二十几度，无法满足红外遥感焦平面器件接近 –200℃左右的制冷要求。于是研制一种小巧精致、高效率、低功耗专用热红外探测器件的制冷设备成为空间遥感器设计的一项关键技术。目前比较成熟，应用较普遍的是斯特林制冷机，是绝大多数航天红外遥感器的首选方案。

斯特林制冷机的发明过程非常有趣，历经 180 余年，因为它的最初设计并不是为了制冷。18 世纪初期，欧洲处于工业革命高潮，将燃煤、汽油和柴油等产生的热能转化为机械动力的热力学研究是科学家们的热点课题之一。1816 年，英国热物理学家罗巴特·斯特林（Robert Stirling）提出了一个"外燃"式的发动机设计：封闭在气缸内的工作介质（氢气或氦气）被外部燃料燃烧加热、膨胀驱动连杆带动飞轮转动；气缸内的工作介质流动到冷却端被等温压缩散热冷却，周而复始输出动力（图 2-24），这一设计当时被称为"斯特林发动机"。由于后来更高效的内燃机技术迅速发展，斯特林的"外燃机"被冷落。

但是，斯特林外燃机中的"斯特林循环"热力学理论却一直受到重视，从而启迪了一些新的应用发明：在 19 世纪 60 年代，欧洲人科克（A.Kirk）首先利用斯特林循环理论成功实现了制冷。它的工作原理是，用外加动力来驱动斯特林逆向循环，先让密封工作介质在冷腔内等温膨胀从外部吸热，周围环境变冷；然后驱动密封工作介质回到室

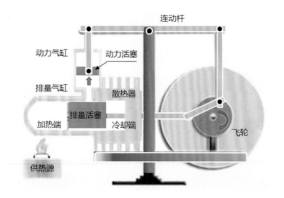

图 2-24 斯特林发动机工作原理演示模型

温腔，工作介质定容压缩从外部释放热，通过冷凝器散出去……如此周而复始，冷腔环境温度越来越低，达到制冷目的。但是科克的发明同样没有得到推广，因为整套设备的经济性比较差，直到 20 世纪 60 年代，航天应用等领域迫切需要小型低温制冷机，斯特林循环制冷技术重新进入科学家的视线。经过近 40 年的探索研究，改进了设计，提高了经济实用性和可靠性后，斯特林制冷机成为小型低温制冷机中研究最深入、应用最广泛、发展最成熟、变形最多的一类制冷设备（图 2-25）。现在应用于航天遥感器上的斯特林制冷机结构紧凑、工作温度范围宽，可以获得 –196 ～ –263℃的制冷环境，而且启动快、效率高、操作简便。

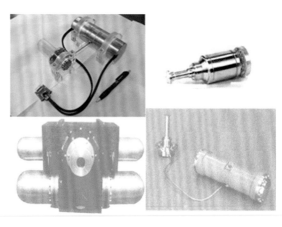

图 2-25 几种典型的斯特林制冷机实物

其实，所谓制冷，就是给热能量搭建一个流动传输的渠道，就像利用水泵从地下深处把水抽到地面高处一样，所以通常又把制冷机称为"热泵"。除斯特林制冷机外，维勒米尔制冷机、脉管制冷机、麦克马洪制冷机、沙尔凡制冷机等都是非常成功的热泵设备，可供应用选择。

航天领域还有一类更方便、廉价的天然制冷资源——太空的深冷环境状态。近年，在太阳同步轨道和地球同步轨道上的航天器，已经有利用太空深冷的辐射制冷产品投入应用。这种制冷设备的设计是，让需要制冷的设备或部件直接面向外层冷空间，使之连续向外太空辐射热量，达到制冷效果。为了保证制冷的连续和稳定，要求制冷对象在任何状态下都不会接收到太阳或地面来的辐射。因此，辐射制冷器由辐射面（制冷面）和屏蔽罩组成（图2-26），通过自动调整屏蔽罩，来保证被制冷对象准确指向冷空间，为了获得更低的制冷温度，还可以组成多级辐射制冷器。辐射制冷器耗能极少，甚至不需要能源，属于被动制冷；没有运动部件，噪声小，寿命长，可靠性高，是一种极具潜力的制冷技术。随着高新技术的发展，红外探测器制冷问题会随着材料、器件发展而变得越来越经济、简单、适用。

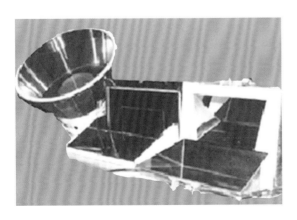

图2-26 航天应用的辐射制冷装置样机

望远镜的故事

眼睛是人的自然感知器官，但人眼的视力却非常有限，随着被观察景物距离越远越模糊，直到看不见。而且能看清楚多远的景物还和天气能见度、自然光照等外部条件有关。在北京，即使天气能见度极好，光照条件也非常好，一个站在中央广播电视塔上的人，肉眼也难看清楚香山顶上的观景亭，而两者之间直线距离还不到14千米。飞行在距离地面数百千米高空的卫星，利用遥感分辨率为1.6米的相机对地面拍摄影像，就可以清晰地分辨出城市道路、桥梁、树林、草木和行驶的汽车等目标（图2-27），这是为什么？因为航天相机配置有一套先进的光学望远镜系统。

望远镜可以放大被观察的景物，增加观察者的可视距离，是一类随处可见的光学仪器装置，大家对它并不陌生。但是，望远镜是谁发明的？知道的人却不多！而且很可能绝大部分人都会回答是意大利人伽利略。其实，真正的望远镜发明者并不是伽利略，而是一位荷兰工匠——利伯希（Hans

图2-27 北京城区某立交桥的卫星照片

Lippershey）。

17世纪的欧洲已经有了玻璃，用玻璃磨制的眼镜是贵族、绅士们时尚的装饰品，所以眼镜制造业很发达。当时在荷兰一个不起眼的小镇上，家家户户都是眼镜店，人人都是磨镜工。利伯希是一个眼镜作坊的老板，有一天他为了检查磨制出来的透镜质量，把一块凸透镜和一块凹透镜排成一条线，通过透镜看过去，却惊喜地发现远处教堂塔尖变大了！拉近了！这给了他启发："如果把这两只镜片镶嵌在一起，做成一个镜子，不就可以看到更远的东西吗！"（图2-28）于是，他找来一节铜管，把凸透镜和凹透镜分别装在铜管的两端，制成了用一只眼睛就能够窥视远处的望远镜，并在1608年申请专利，随后他又为别人专门制造了一个可以用双眼看的双筒望远镜。

图2-28 荷兰工匠利伯希偶然发明出望远镜的示意图

利伯希的发明很快在欧洲各国流传开了，意大利人伽利略得知这个消息后很感兴趣，就自己动手开始仿造，终于在1609年10月做出了一个能够放大30倍的望远镜，并用它来观察夜空（图2-29）。他惊喜地发现月球表面高低不平，覆盖着山脉并有火山口的痕迹。后来他又把镜筒指向茫茫太空，耐心搜索，又意外发现木星还有4个卫星、太阳上有黑子运动……持续的观察，让伽利略积累了丰富的天文资料，证实了太阳也在转动的天文现象。

伽利略的这一系列伟大发现，使他成为

图2-29 伽利略自制的天文望远镜

著名的天文学家和物理学家，他制造望远镜的名气盖过了真正发明人——利伯希。所以人们误认为望远镜是伽利略的发明！

望远镜的发明，在欧洲掀起了一股天文观察热潮。德国天文学家开普勒用两块凸镜制造出比伽利略望远镜视野更宽的新型折射式望远镜，成为与伽利略望远镜齐名的透镜成像望远镜。

1665年，荷兰天文学家惠更斯想制造一支能够看清土星光环的望远镜，于是他把望远镜镜筒加长到6米、41米，成为当时的一大宏伟工程，却没有成功，因为他始终没有办法消除望远镜的色差。所谓色差，就是不同波长的光，通过透镜的折射率不同，从而引起成像色斑现象。它让看到的目标模糊。

与惠更斯同时代的另一位英国人，近代科学的伟大奠基人之一的艾萨克·牛顿爵士另辟蹊径，在1668年发明了反射式望远镜（图2-30），较好地解决了惠更斯没能解决的色差

图2-30 牛顿发明的反射式望远镜示意图

问题。牛顿望远镜小巧适用，反射镜口径只有 2.5 厘米，却能清楚地看到木星的卫星、金星的盈亏，成为新一代反射式望远镜的鼻祖。

在其后的 300 年间，随着现代光学理论的发展，望远镜技术日臻完善，从最初的单纯天文观测应用，扩展到军事侦察、战场指挥、航海、地理测绘、生产建设，以及旅行、娱乐等各行各业。特别是望远镜和照相机的结合，成千上万倍地提升观察和记录外部景物的能力。到 20 世纪中后期，望远镜迎来辉煌时代，在空间天文和对地遥感中，发出耀眼光芒，最著名的是美国在 1990 年送入太空的哈勃望远镜，把人类的视力延伸到宇宙深空 130 亿光年的原始星系，所获取的照片精彩绝伦（图 2-31）。

图 2-31 美国哈勃望远镜拍摄的太空星云照片

遥感器的"眼球"

现代光学遥感器是模仿人的视觉功能，利用高技术设计制造的增强人眼观察外部事物能力的设备。人能够观察外部事物是因为有由晶状体、视网膜和视觉传导神经等组成的眼球，眼球接收外部景物反射的自然光并通过晶状体折射成像到视网膜，视觉传导神经将感知的影像信息传给大脑，完成人的视觉观察过程。在光学遥感器上，成像器件（感光胶片和 CCD 芯片）就相当于视网膜；电子学系统充当了传导神经；而类似眼球的眼角膜、瞳孔、晶状体等接收入射光功能的，则是由前置望远镜和后处理光学设备组成的一套光学系统（图 2-32）。

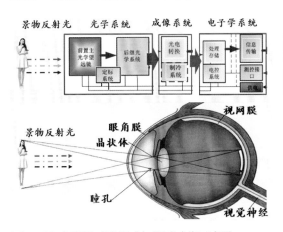

图 2-32 光学遥感器组成与眼球成像示意图

航天遥感器在接收来自地球目标物的自然光反射或辐射时，由于地球大气层的吸收、散射等作用，能够到达探测器的光能量一般都很微弱，因此用前置光学望远镜来会聚、放大，以增强到达探测器上的光能量非常重要。一台高分辨率的航天光学遥感器的前置望远镜系统远比普通望远镜的设计要求高得多，是一个复杂的系统，它既要有高的光学性能，又不允许过大的几何尺寸和重量，而且要能够适应太空高温、深冷、强辐射，以及发射过程等恶劣、特殊的环境，于是光学遥感器的镜面制造成为难题。1 米以上的镜面加工难度超出常人想象，精度要求高，研磨周期长，环境要求苛刻。美国著名的哈勃望远镜观测范围是从紫外线到近红外线，它的主镜尺寸 2.4 米，要求镜面精度误差小于 30 纳米，制造商花费了 12 亿美元，单镜面抛光就耗时 6 年，上天后发现还不合格。所以光学镜面生产加工绝对是大国工匠的标志。

20世纪90年代，中国载人航天工程立项，基于航天光学遥感器设计的迫切需要，把大型光学镜面制造列为重要关键技术，在20多年的攻关研究中，经历数百次实验探索与工艺验证，突破多项镜坯制备核心技术，建立起了大口径光学镜坯材料制造和镜面研磨等基础设施，先后成功研制了2米、2.4米、3米和4米口径的碳化硅（SiC）反射镜。2019年春，我国直径4.03米的高精度"碳化硅非球面反射镜"成功研制并通过验收（图2-33），标志着中国拥有了自主知识产权的超大型航天光学镜面材料制备与镜面研磨的核心制造设备和制造工艺技术，为高分辨率空间对地观测、深空探测和天文观测等领域的设备制造奠定了坚实基础，对国防安全、国民经济建设和提升基础科研能力都具有重大意义。

图2-33 直径4.03米的高精度碳化硅非球面反射镜在研磨

从镭射到激光

在中国，"激光"大概是普及率最高的科学名词之一，可是它在汉语中，却是一个年轻的词汇。50年前，中国乃至全世界华语地区，普遍称激光为"镭射""莱塞"，这是激光英文缩写名"LASER"的音译，词义是"受激辐射的光放大"，准确地表达了其产生的物理机制。因此，我国著名科学家钱学森先生在1964年首次建议用"激光"统一替代原有的"镭射""莱塞"名称，得到学术界的普遍认同。这段更名的佳话，让今天的科技工作者感受到老一辈科学家的严谨学风，为之肃然起敬。

"激光"是20世纪与原子能、计算机、半导体并列的人类重大发明之一。最早在1917年，世界著名物理学家爱因斯坦就曾提出过关于"光与物质相互作用"的技术理论，他说："在组成物质的原子中，有不同数量的粒子（电子）分布在不同的能级上，在高能级上的粒子受到某种光子的激发，会从高能级跳到（跃迁）低能级上，这时将会辐射出与激发它的光相同性质的强光……"简言之，就是"受激辐射的光放大"。但是，这个理论并没有得到实验验证，直到1958年，美国科学家查尔斯·哈德·汤斯和他的学生阿瑟·肖洛神奇地发现：使用氪灯光照射一种稀土晶体时，晶体会发出鲜艳的、始终会聚在一起的强光，于是他们提出了新的"LASER原理"，引起了科学界的广泛关注，并因此荣获1964年的诺贝尔物理学奖。

另一位美国科学家西奥多·梅曼，在1960年5月首次获得人类史上的第一束激光，同年7月发明了世界上第一台激光器（图2-34）：他用高强闪光灯光激发红宝石，产生出一条红色光柱，当这束光柱照射向某一点时，可使其达到比太阳表面还高的温度。这一惊人发明让全世界震惊，激光成为继原子弹之后又一可怕的战争利器，从而获得了一个邪恶的名称"死光"。

被称为"死光"之父的梅曼博士也成为世界上第一个将激光引入实用领域的科学家，在世界范围内掀起一个探寻激光应用的

图 2-34 梅曼博士和他的世界上第一台激光器

热潮。激光作为一种新光源，因具有普通光源无法比肩的奇异物理特性，相关应用技术研究在近半个世纪里发展迅猛，成为高科技时代的标志之一。

第一，激光具有极强的方向性，发散度极小，大约只有百万分之一弧度，天然汇聚成纤细的光束（图 2-35），非常有利于对位置、距离等进行精细测量和观察。1962 年，人类第一次使用激光照射月球，经历约 38 万千米的地月距离，在月球表面形成的光斑直径还不到两千米，1969 年美国科学家首次把激光射向阿波罗十一号飞船放在月球表面的反射器，进行了"地月距离"的精确测量，测得的误差宣称在几米范围内。

第二，激光的单色性好。单色纯正度高出普通单色光源 5~6 个数量级。激光的颜色

图 2-35 射向夜空的激光束

取决于激光的波长，而波长取决于被刺激后能产生激光的激光器材料，"纯正"就是频谱很窄，稳定的单色激光具有不同的应用。例如，红宝石激光器产生的深玫瑰色激光束，可以应用于皮肤病的治疗和外科手术。

第三，激光相干性好。相干性是指光的频率、相位、振动方向都高度一致，使光波在空间重叠时，重叠区的光强分布会出现稳定的强弱相间现象。普通光不具备相干特性，而激光良好的相干性使之可以获得极短的闪光时间，换句话说，普通的光脉冲最好只能做到毫秒量级，而脉冲激光的闪光时间可达到几个飞秒（1 飞秒 $=10^{-15}$ 秒）。这一特性使得激光光源在生产、科研和军事方面都展示出巨大的应用价值。

第四，激光的亮度高。一个红宝石激光器发出的激光亮度超过太阳光亮度的几百亿倍。亮度高意味着它的能量密度大，具有极强的传播性和穿透力，可以用于激光加工、激光打孔，在军事上则可以变成强大杀伤力的激光武器（图 2-36）。

图 2-36 地空激光武器打击效果演示图

另外，20 世纪的半导体技术、计算机技术的飞速发展，推动了激光器和探测器两大关键技术的突破。固体的、气体的，小功率和大功率的各类激光器如雨后春笋般被开发出来，检测技术手段日臻成熟，品种繁多的

激光设备被广泛应用于工业生产、通信、信息处理、医疗卫生、军事、文化教育以及科研等方方面面。从高端的航天激光遥感（图2-37）、光纤通信到工业制造上的激光打孔、激光加工、激光切割，医疗上的激光美容、激光手术，办公室的激光打印机、激光光盘机、激光影碟机，商场内的条形码扫描仪等，无处不见激光应用的身影。

图 2-37 我国自主研制的嫦娥 1 号载荷激光高度计

激光的新应用

激光遥感是与激光发明几乎同时起步的应用研究，包括红外、可见光、紫外等光学波段的传统光学遥感器，都是被动地检测目标物的自然光辐射、反射，显然它们都受自然光照条件的限制。激光遥感器的最大特点是本身携带有激发器，会主动向被探测目标发出一束由泵浦光源激发的强光（激光），填补了主动光学遥感的空白，弥补了被动光学遥感器的某些缺陷，而且有超越所有被动光学遥感和微波遥感的独特优势。

激光遥感器是一类结合微波遥感器技术和光学遥感器技术的新型遥感器。它具有类似微波雷达的工作原理，由遥感器主动向探测目标发射激光束，再检测目标发射或散射的激光回波，获取目标信息；同时它又具有光学遥感器的光学系统，由激光器产生激光，通过发射光学望远镜组向目标发射激光束，再通过接收光学望远镜组接收激光回波，进行光学分光处理，使用光电倍增管，或面阵的、线阵的雪崩光电二极管，或 ICCD 器件、铟镓砷和碲镉汞焦平面器件等进行光电转换，获取遥感信息。

激光遥感中技术最成熟的是激光测距、测高（图 2-38）。和传统的无线电脉冲雷达的工作方式相似，通过直接测量激光脉冲的往返传播时间或激光调制波的相位变化来获取距离。激光测距的最大优点是光束发散角小，被测目标的足迹也小，可以得到更为准确的目标距离信息。激光高度计、激光测距仪、激光测距雷达等遥感器已在航天对地观测，火星、月球等深空探测中应用。在传统激光测距雷达基础上发展起来的凝视成像与距离选通激光雷达、同步扫描激光成像雷达、三维成像激光雷达，以及相控阵激光雷达、合成孔径激光雷达等都显示出新的激光遥感器的技术发展方向是进一步借鉴微波雷达遥感器的概念、方法，融合光学遥感器等其他手段，开发具有综合优势的先进遥感器。

图 2-38 用激光测距仪精确测量楼高演示图

相对而言，激光遥感应用最适合的领域，当属大气探测与研究（图 2-39）。因为，已有的可见光、红外和微波等天基遥感器对

图 2-39 激光气象雷达在实验室调试

气溶胶、云、水汽、臭氧、大气温度及其他大气环境要素进行监测时，虽然能够获得覆盖范围广、时间跨度大的观测数据，但也存在不足：可见光遥感器需要依赖太阳光辐射，不能穿透云雾；微波遥感器虽能穿透云雾，但垂直分辨率不高。激光优异的相干性，使得激光遥感器有极高的垂直和水平分辨率，易对准，受自然光和背景噪声干扰小，不依赖于太阳光辐射，可进行全天时观测，很容易测量亮度较高的大气气溶胶散射的微弱信号等。因此，各类天基激光气象雷达成为世界各国竞相发展的新一代对地观测设备。例如，用于测量云和气溶胶的后向散射激光雷达；直接监测对流层，获取大气风场廓线的多普勒激光雷达；用于二氧化碳、臭氧、水汽等大气成分监测的差分吸收激光雷达等，已经被装载在应用卫星上。

应用于国防军事的各种激光侦察与监视系统，同样也应属于激光遥感范畴。在激光发明之初，美国和苏联等技术先进国家，首先研发的就是军事装备，所以某些技术先进的激光军事装备早就在地面和飞机上实际使用。由于激光遥感器用于军事侦察和监视，具有反应灵敏，观察精细，不分昼夜，能综合观察、测距和制导等功能于一体，以及行动隐蔽等特点，研发以航天器为平台部署激光侦察和监视系统是大国重器，必然会受到世界各国的普遍重视。

第 3 章

无线电波也可以探测

雷达的历史故事

雷达对于大多数人并不陌生（图3-1）。早在20世纪初，欧美的一些科学家就已知道电磁波被物体反射的现象，从而提出了雷达的概念。1922年，意大利的马可尼发表了无线电波可以检测物体的论文；美国海军实验室发现用双地基连续波雷达能发觉在其间通过的船只。1925年，美国开始研制能测距的脉冲调制雷达，并用来测量电离层的高度。1936年，美国研制出作用距离达40千米、分辨力为457米的探测飞机的脉冲雷达。第二次世界大战期间，由于作战需要，雷达技术得到迅速发展，小型化的雷达设备装在飞机上可以导航；地面上的雷达站（车）可以自动搜索、跟踪来犯敌机，引导控制高射炮对敌打击，有效提高射击命中率。

有一个关于"二战"的故事，讲述的是1940年8月德国空军对英国伦敦进行的大规模空袭（图3-2），一连4天出动数千架次飞机，但出乎德国人的预料，英军早已布防的雷达站网把德军空袭方向、批次和飞机数量，以及海面上的德军舰艇都看得一清二楚，英军飞机和高射炮枕戈待旦，给来犯之敌以沉重打击，德军数百架飞机像"下饺子"一样被击落在英吉利海峡，200多艘德军潜艇被击毁，损失惨重，元气大伤，注定了其"二战"必败的命运。

图3-2 "二战"时期（1940年）伦敦大轰炸历史图片（合成）

"二战"后的30年间，随着无线电发射、接收理论与技术发展，电子器件、计算机、微处理器、数字集成电路、微波电路等不断创新，雷达应用技术不仅继续在国防、军事领域发挥巨大作用，同时也在飞机/船舶导航、气象探测等民用领域迅速崛起，新

图3-1 人们常见的车载雷达系统

的雷达技术年年出新，到 20 世纪 50 年代有了动目标显示、单脉冲测角和跟踪以及脉冲压缩技术等；20 世纪 60 年代出现了相控阵雷达；20 世纪 70 年代固态相控阵雷达和脉冲多普勒雷达问世……

基于不同工作原理、不同特性、不同应用目标的雷达与时俱进，不断创新，形成了一个庞大家族：有源雷达、无源雷达；地面雷达、舰载雷达、航空雷达、卫星雷达；脉冲雷达、连续波雷达；米波雷达、分米波雷达、厘米波雷达；目标探测雷达、侦察雷达、预警雷达、武器控制雷达、飞行保障雷达、气象雷达、导航雷达、多普勒测速雷达等。它们遍及航天、航空、航海、导航、定位、通信，以及目标搜索与监视和气象探测等军民应用的各个领域（图 3-3），甚至出现在人们日常生活中。例如，高速路边安装的测速雷达、汽车上的倒车防撞雷达等。当 20 世纪光学遥感技术在航空、航天应用领域正方兴未艾时，如何把雷达探测技术应用到航天领域，在无线电信息处理和雷达技术专家们的心里悄然萌动，开始孕育着新的科技创新。

图 3-3 一艘战舰装备多种雷达的实物照片

从雷达到微波遥感的创新

在雷达技术发明之后的半个世纪，其主要用途是目标定位，提高雷达定位精度成为科学家和工程师们永无止境的探索创新目标。科学发展的规律证明，不断追求创新，往往孕育着全新的发明。微波遥感的兴起和光学望远镜、CCD 器件的发明都有着类似的经历。20 世纪 50 年代，一批美国科学家为了提高雷达定位精度提出了"多普勒波束锐化"和"合成孔径""聚焦""非聚焦"等信息处理的基本概念并开展了一系列实验研究：1951 年美国固特异公司的工程师卡尔·威利提出使用"多普勒频谱分析"的办法来改善机载雷达的方位分辨率；1953 年 7 月伊利诺伊大学采用非聚焦方法使雷达探测的角度分辨率由 4.13 度提高到 0.4 度，并获得了第一张图像；1957 年夏天，密歇根大学采用光学处理方式，做出了 X 波段第一幅全聚焦的正侧视条带合成孔径雷达（SAR）图像，这标志着传统的定位雷达蜕变出一类可图像化的新型微波设备，引起了美国军方和国家航空航天局（NASA）的高度重视并给予大力支持，在其后的 60~70 年代，组织了一系列研究工作，并利用大量的机载系统试验来验证，终于在 1978 年 6 月发射的海洋资源探测卫星（SEAsat-A）上（图 3-4）安装了由美国喷气推进实验室（JPL）研制的世界上第一个民用微波遥感器——合成孔径成像雷达，并获得了全面成功。

电磁传播理论研究表明：在空间对地观测的航天应用领域，采用微波遥感可能比光学遥感更有优势。因为，波长从 1 毫米到 1 米的微波波段，具有穿云透雾的特殊本领，无论白天黑夜、阴天晴天都能工作，不受云雨遮挡，不受阳光限制；另外，地面目标的微波特性受昼夜变化的影响也比光波小，而

图 3-4 世界上第一个合成孔径雷达卫星

且还能穿透地表某些覆盖物或伪装，探测到地下一定深度的物质结构或人工建筑设施；利用微波遥感对地观测，能够做到远比光学遥感大得多的探测覆盖范围，所以特别适用于海洋、大气、农业、林业、地质、地理等需要大探测范围的应用领域。

由于微波遥感的上述特点，星载航天合成孔径雷达在美国率先实现并取得了令人振奋的探测成果后，立刻引起世界各国科学家的广泛重视，迅速形成世界性的微波遥感热。在之后短短的 20 年间，各种类型的微波遥感器雨后春笋般迅速发展，一个与光学遥感器并肩的微波遥感家族，在遥感应用领域独领风骚。

微波遥感器，特别是成像微波遥感器，当分辨率提高、图像处理技术成熟后，首先

凸显出强大的军事应用价值，被迅速转化为军事设施。例如，美国 1988 年 12 月发射用于军事侦察的长曲棍球雷达侦察卫星，使其地面分辨力达到 0.3 米量级水平，远远优于一般光学成像遥感器。21 世纪初，美国在飞船、航天飞机、卫星等航天器平台上多次使用合成孔径成像雷达（SAR）实施全球侦察，"奋进号"航天飞机在 2000 年的一次任务中，加载干涉式合成孔径雷达，执行全球地理测绘任务，仅 9 天时间就对全球 75% 的陆地面积进行了两次测绘，为美国军方提供了全球最完整的三维数字地图（图 3-5）。

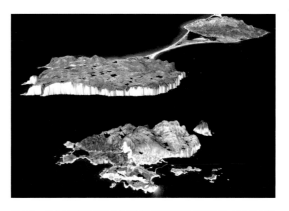

图 3-5 法国圣皮埃尔和密克隆群岛的 SAR 图像（奋进号航天飞机 2000 年 6 月测绘）

微波遥感器与光学遥感器的区别

微波遥感器和光学遥感器都是通过接收被观测物的电磁辐射（反射）来获取目标信息，所不同的是微波遥感利用的是电磁波的微波波段，波长 1 毫米到 1 米；光学遥感器利用的是电磁波的光学波段，常用的波长范围 0.3 微米到 14 微米。由于电磁波段不同，二者的信息接收、发射与处理方式也截然不同。微波遥感器使用的波段，比任何光学波段的波长都要长，不可能使用光学技术方式来接收，因此它没有光学结构部件，而要使用无线电微波发射、接收与信息处理设备的

机电系统。因此，从外部形貌上看，微波遥感器更像雷达（图3-6），是雷达的同胞兄弟，它有接收微波信号的天线、接收机和一套将信息数字化处理、传输、翻译出影像和相关数据的电子设备。如果是主动式微波遥感器，还需要有一套能够产生微波信号的辐射源和向被测目标不断发射微波的大功率发射机和天线。

图 3-6 装在神舟飞船上的微波遥感器外貌

近 40 年，微波遥感应用的理论研究发展迅速，遥感器设备研制技术逐步成熟，根据不同应用需求，各类基于不同信息获取方式的微波遥感器不断涌现，但是从微波信源角度讲，微波遥感器只有两类：一类是主动

式微波遥感器，本质上就是一台微波雷达，它带有微波辐射源，主动向被探测目标发射微波波束，通过接收被测目标对微波的反射、散射来感知物体的形态和特性，如侧视雷达、微波高度计、微波散射计等；另一类是被动式微波遥感器，类似人们熟知的非接触式红外温度计、红外测温仪等探测器，它们只是被动接收被探测物的自身电磁波辐射量，如微波辐射计、微波测温计、微波湿度计等。

形成微波遥感器百花齐放的另一个因素是，众多的理论研究表明，不同微波遥感器、不同微波波段、不同工作方式对被探测对象的适应性有较强的选择性，正确地选择不同的遥感方式可以获取到观测目标的最优效果（表3-1）。例如，微波辐射计擅长海况、大气温度和大气湿度等方面的探测；微波散射计则在海面风场、土壤水分等方面探测更具优势；而合成孔径成像雷达则是地理测绘等需要获取大范围地表影像的不二选择。

"斜眼"的雷达胞兄弟

美国人发明的世界上第一台微波遥感器——合成孔径成像雷达，虽然名字叫雷

表 3-1 微波遥感器分类表

遥感器种类		观测对象
被动遥感器 （passive sensor）	微波辐射计 （microwave radiometer） 固定视场，扫描式	海面状态、海面温度、海风、海水盐分浓度、海水、水蒸气量、云层含水量、降水强度、大气温度、大气湿度、风、臭氧、气溶胶、NO_X、其他大气微量成分
主动遥感器 （active sensor）	微波散射计 （microwave scatterometer）	土壤水分、地表面粗糙度、湖水、海冰分布、积雪分布、植被密度、海浪、海风、风向、风速
	降雨雷达	降水强度
	微波高度计 （microwave altimeter）	海面形状、大地水准面、海流、中规模漩涡、潮汐、风速
	成像雷达（imaging radar） 合成孔径、真实孔径	地表的影响、海浪、海风、地形、地质、海水、病的检测

达，被比喻为雷达的胞兄弟，但是它和传统雷达的工作方式却有本质区别。众所周知，雷达跟踪空间目标定位一般不需要成像，它利用主动向探测目标发射无线电波，然后接收其回波，根据天线接收回波时的指向确定目标的方位；根据发射电波和接收回波的时间差 $\triangle t$，以及电波在空间的传播速度 C（光速 =300000 千米 / 秒）来计算雷达与目标之间的距离 R，即 $2R= \triangle t \times C$。

安装在飞机或卫星上用于遥感地面目标的侧视雷达（RAR）也是利用发射微波波束，接收地面返回的微波信号来获取探测信息，但它不直视飞行轨迹的正下方，而是以一定的侧视角度，斜眼看向航线的侧下方，发射微波波束，在地面形成一条横向宽度为 W、纵向长度为 L 的辐照区（图 3-7）。显然"斜眼"相比正视有更宽的可视范围。斜视还使得雷达天线发射微波到达地面辐照区各部分的时间有先后，地物散射微波回到雷达接收天线的时刻也有早晚；而且因飞行器的移动，微波波束沿飞行前进方向自动形成一个

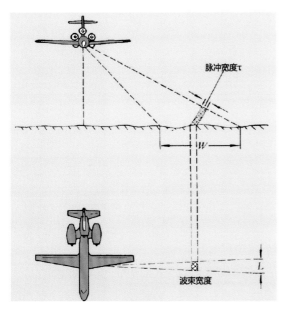

图 3-7 侧视雷达辐照区示意图

扫描带，这样的效果使雷达接收系统可以获得两个方向的回波序列信息，经过数字图像处理就能得到二维景物图像。

微波波束和可见光光束一样，它们从发射点开始向远方成锥形发散，而被探测物对微波的反射、散射也有同样特性，所以在飞机或卫星飞行的既定空间高度上，侧视雷达接收到的返回微波信号能量非常弱，虽然能够得到图像，但分辨率不会高。如何提高图像分辨率？理论上指出：影响微波遥感器成像空间分辨率的主要因素是电磁波长（λ）、天线与景物的距离（R）以及天线接收电磁波能量的效率，有个专业名词叫"天线孔径"（D），定义是："天线在均匀平面电磁波中接收的功率和功率密度的比值，单位是 m^2。"这句话有些难懂，我们打个比方来说：光学照相机在照相时，镜头要有足够大的光入射孔径来保证进入相机的光能量在成像器件或胶片上形成清晰的影像，雷达接收微波的不是镜头而是天线，没有具体的"入射孔径"，但与光学同理，天线必须接收到足够的从目标返回的微波能量才能处理出清晰的图像。

安装在空间飞行器上的侧视雷达，当选择了合适的微波波长后，因飞行器的轨道空间高度是确定的，提高遥感图像分辨率的唯一有效办法就是加大天线孔径 D。但是，要做到很大的天线孔径，必须加大接收天线的物理尺寸，这在工程结构设计上会受到限制，实现有许多困难。于是雷达科学家想到了一个办法，就是利用雷达与目标的相对运动，把尺寸较小的真实天线孔径用数据处理的方法合成较大的等效天线孔径，从而提高分辨率，这就是当今最负盛名的微波成像遥感器——合成孔径侧视雷达，英文全称是 Synthetic Aperture Radar，简称为 SAR。近半个世纪，由于超大规模数字集成电路的发

展、高速数字芯片的出现，以及先进的数字信号处理算法的进步，人们利用合成孔径侧视雷达成像微波遥感器技术又创新出一些新的测量方法，如聚束 SAR（Bunching SAR）、干涉 SAR（InSAR）、差分 – 干涉 SAR（D-In SAR）等，使得新型合成孔径雷达具备了多极化、多波段、多工作模式，以获取多功能、多用途的综合优势，SAR 兄弟们成为微波遥感家族的"老大"。

随着航天器技术的提高，人们为了追求更高精度的成像测量技术，提出了微小卫星编队的干涉 SAR 方案。例如，采用并行轨道（图 3-8）的两颗卫星来形成一定基线长度的双天线干涉 SAR，可以获得包括地面高度信息在内的三维高分辨率图像。也就是说，这种遥感影像不仅仅能够精确分辨地面目标长宽尺度大小，还能知道目标的高低尺度大小。

图 3-8 采用并行轨道的长基线双天线航天 SAR 示意图

微波遥感 SAR 技术，越来越成熟，越来越先进，发展最快、最受青睐，特别是在地理测绘、军事侦察和目标物性分类识别等方面一枝独秀、不可替代。

1. 地理测绘。SAR 技术在航天器轨道高度上，能够获取地面的距离向和方位向二维图像，精确到厘米分辨率，这是任何光学遥感技术都做不到的。

2. 军事侦察。由于微波透射性强和不受气候、昼夜等因素影响，SAR 应用在军事侦察时能够揭示遮掩、伪装物，发现隐蔽的地下军事建筑设施；厘米量级的分辨率足够达到武器设备的种类或型号辨识。

3. 目标物性分类识别。新型合成孔径雷达能够同时获取多种散射信息，因为不同目标，往往具有不同的介电常数、表面粗糙度等物理和化学特性，对不同频率、透射角、极化方式的微波会呈现不同的散射特性和不同的穿透力，这为目标物性分类识别提供了极为有效的新途径。

SAR 技术的应用不仅仅在对地观测中扮演主角，在月球、火星等行星际深空探测中也有用武之地，安装在深空探测器上的微波合成孔径成像雷达能够为科学家们提供地外星球不一般的景象（图 3-9）和丰富资料。

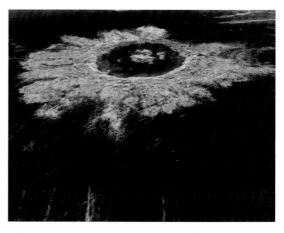

图 3-9 金星表面的合成孔径雷达地图（一个 48km 宽的复杂陨石坑）

气象预报的幕后功臣

继合成孔径成像雷达之后，微波散射计在现代海洋学与气象学研究的强烈应用需求牵引下，在微波遥感技术中迅速崛起。海洋占地球表面积的 70% 以上，是至今未被人类充分认识、开发的领地，由于缺乏有效的海洋探测手段，人们对海洋上的风场、海面高度、海水盐度、潮汐等这些与全球气象环境变化紧密相关的自然现象认知寥寥，导致对全球气象变化的预测、预报滞后于社会需求。在 20 世纪 80 年代之前，人们对海洋的探测，只能通过测量船、海上浮标、飞机等方式获取海洋环境变化数据，效率低、成本高，探测环境艰苦，而所获取的数据还只是零星分布的点，没有完整性，像地球南北两极、海上风暴潮中心等特殊区域根本无法探测。

　　寻求探测海洋的先进方法，一直是海洋学家们梦寐以求的。早在 20 世纪 60 年代中期就有科学家提出用微波雷达来测量海洋风场等环境要素的设想。因为，海面风场与海浪直接相关，海浪、潮汐造成海面粗糙度变化（图 3-10），当微波照射到海面时，会因为海面粗糙度产生散射，只要精确测量到微波在海面的后向散射系数，就可以反算出海面风场的风向、风速。

图 3-10 海风造成的海面粗糙度（海浪）

　　什么是散射？什么是后向散射？自然界的一景一物在受到电磁波照射时，都会产生多方位、多角度的改变电磁波传播方向的现象，我们称这种现象为散射。散射既然是多方位、多角度的，那么相对于主动发射微波的遥感器而言，就只能接收到从目标返回来的那部分散射，即所谓的后向散射。显然遥感器能够接收到后向散射能量的大小比例会

随着目标本身的变化而变化，所以我们能够借助搜集到的后向散射反算目标的动态特征。

　　海洋面积辽阔，利用雷达探测海洋环境要素的设想，只有依托卫星平台，才可能实现。1978 年美国国家航空航天局（NASA）在海洋卫星上搭载了一台 Ku 波的扇形波束微波散射计 (SASS)，成功实现了对全球海面的连续观测，一次扫过海面的范围 500 千米，能够获取风速数据每秒 4~26 米，精度 2 米 / 秒，位置分辨率 50 千米。由此，证明了采用星载微波散射计获取全球海洋环境要素的可行性，点燃了微波遥感专家和海洋学家们的热情，欧美国家投入大量人力、财力研发适用星载的微波散射计。到 20 世纪 90 年代中后期，欧洲和美国多台微波散射计频繁升空，1991 年欧洲空间局 (ESA) 在对地观测卫星（ERS-1）上的主动微波探测仪 (AMI)，以散射计工作模式，进行海洋风场监测，获取到完整数据，标志微波散射计监测海洋风场的技术趋于成熟。1996 年美国 NASA 在日本的地球观测卫星（ADEOS）上搭载的微波散射计进行海洋风场监测，获取到由热带涡旋形成台风的全过程观测数据（图 3-11）。进入 21 世纪初，各种型号的微波散射计正式成为若干海洋卫星和气象卫星的标准配置，开启了人类探索海洋的新时代，促进了全球

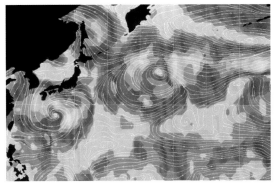

图 3-11 1996 年 9 月 22 日台风反演图（日本 ADEOS 卫星 NASA 散射计 NSCAT 资料）

气象研究，为气象预报提供了丰富的资料，大大提升了气象预报的准确率。

和探测海面风场的原理相同，微波散射计在陆地探测方面也有广阔应用前景。例如，通过对地面粗糙度的探测，也可以反演出地面森林、植被、湖水、积雪、土壤水分含量等。推而广之，微波散射计也可以应用于地面浅层风向、风速反演，农作物生长态势，农作物产量预估等。所以微波散射计随着遥感应用理论的发展，前途广阔，大有可为。

测距、测速也能测高

雷达测距是它的传统本领。由此人们想到是否可以用它测速、测高呢？当然可以！最常见的就是在高速公路上测量车速，雷达测速和测距的原理没有原则区别，只是采集信息之后的数据处理算法有所不同。安装在路边的测速雷达不断地向行驶中车辆发射微波，并接收其反射回波，从而计算雷达与车辆之间的距离：在时间 t_1 时刻方位上获取的距离是 c，在 t_2 时刻方位上获取到距离是 b，那么在 t_1-t_2 的 $\triangle t$ 时间内，汽车行驶的距离 a 用几何学的三角公式就会算出来（图 3-12），所以高速路标边的警示牌"前面有雷达测速！"不是唬人的！如果行驶超速，交警就会拿出证据来对你处罚！

图 3-12 高速公路边的监视雷达测速示意图

雷达测速在军事上应用得也很普遍，例如，炮瞄雷达通过跟踪目标，实时测量相对距离和方向变化，计算出目标的运动轨迹和速度，计算设置射击提前量以提高命中率。

既然雷达能够测距、测速，把它装到飞机或卫星上俯视正下方，用来测量距离地面高度不是也行吗？只要飞机、卫星的飞行轨迹稳定，通过机载或星载的微波雷达测高，就可以获取到地理高程剖面（图 3-13），感知地形地貌或者是海面波浪高度的起伏变化。微波波长是厘米、毫米量级，微波传播速度是光速，可以获取到远远高于人工测绘的测量精度，而且快速便捷，省时、省力，是任何测量方式都无法相比的。利用星载微波高度计能够填补海洋学研究中实测海平面高度的空白。

图 3-13 微波高度计测量地理高程剖面示意图

微波遥感科学家们根据上述思路，比合成孔径侧视雷达还早就提出了微波高度计的概念设计，指出其在陆地和海洋遥感上有着广泛应用前景。1969 年，在美国举行的一次"固体地球和海洋物理"学术研讨会上"用卫星观测海平面变化"成为重要议题；1973 年美国宇航局（NASA）发射天空实验室（Skylab）首次搭载雷达高度计（S-193）从空间进行海洋测高实验验证，其测距精度达到 1 米；1975 年美国发射的海洋动力试验卫星（GEOS-3）在轨寿命只有三年半，却使用微波高度计获取了数百万海面测量数据，测距精度达到20~50厘米，有效波高测量准确度达25%；1978年美国发射的海洋卫星（Seasat-A）装载的微波高度计测高精度首次突破10厘米，有效波高测量准确度为10%，海面风速测量准确度为每秒2米。Seasat-A还对空间高度计的运行模式和大气传输校正方法等开展了实验研究，为高度计的实用化设计迈出了重要一步。

从1980年到2005年，美国、欧空局对微波高度计研发投入了大量精力，先后发射了多颗专业卫星进行高度计探测技术试验与数据反演方法研究。特别是，1992年美国国家航空航天局（NASA）和法国空间局（CNES）联合发射的托帕克斯/波塞冬卫星（TOPEX/POSEIDON，T/P）首次使用双频Ku波段海洋地貌实验测高计（TOPEX）和C波段单频固态实验雷达高度计（POSEIDON）两台设备，并配置了微波辐射计（TMR）用来做水汽修正，其测高精度达2厘米。T/P卫星一直工作到2005年10月，为全球气候变暖，海平面上升，提供了可靠的测量数据（图3-14）。T/P后继任务由2001年美、法再次联合发射的詹森1号（Jason-1）海洋地形卫星承担，一直工作到2011年。2008年6月发射的Jason-2和Jason-1联合工作了3年多时间，它们获取的海平面变化探测数据，为全世界科学家关于气候变暖的研究提供了最丰富的资料，对高度计探测技术发展做出了重大贡献，成为后继者的标杆。

在Jason系列卫星之后，Cryosat是欧空局研发的新一代微波高度计卫星，本应在2005年升空的Cryosat-1发射失败，直到2010年Cryosat-2卫星才正式发射成功，投入应用。它携带的Ku波段高度计（SIRAL）首次将合成孔径、干涉成像等概念引入高度计设计中，主要用于对地球表面冰层变化的观测，力图揭示两极冰层融化与海平面升高的关系及其对气候的影响。因此，Cryosat卫星成为高精度地测量地球陆地和海洋冰原变化的专业卫星，"Cryosat"按英文的字面意义和它的应用目标被直接翻译为"冷星"。

用微波接收机来照相

人人都知道照相要用照相机，从没听说过用无线电微波接收机还可以照相！微波辐射计通过获取地物目标自身的微波辐射数据来感知地物目标的物理特性和形貌，这和光学照相机获取目标的自身光辐射成像没有本质区别，因此用微波接收机来照相，并非天方夜谭。

我们知道，电磁辐射现象存在于地球上任何场景之中。因为，辐射就是物质能量的传递，所有物质既从外部吸收能量，也会向外部释放能量，一个物体释放出来的能量比吸收的能量多就会变冷，反之，就会变热。通常只要物体温度不低于绝对零度（-273.16℃），都会有辐射，从微波到光波到射线的各种频段上的能量辐射强度与该物体的温度、物理特性、辐射频率等因素都有关，科学上把物体对外释放能量的辐射，不管它是在哪个频段上都统称为"热辐射"。

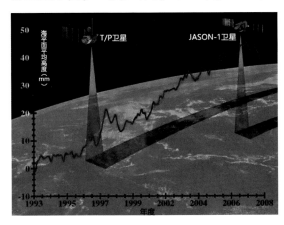

图3-14 全球16年海平面升高情况

既然，我们能用照相机感知物体的可见光辐射形成影像，那么同样也可以利用一台高灵敏度接收机来接收物体的自身微波热辐射信息，从中解析出地物目标的物质结构、形貌等物理特征数据。把搜集到的被探测目标的全部微波辐射信息，通过数据处理按坐标复原，就可以得到一幅用微波接收机"照出来"的相片（图3-15）。为了让你看懂这张"照片"，需要补充解释什么是亮温：任何一个物体自身微波热辐射功率大小，与该物体表面发射率 ε 和绝对温度 T（开氏温度），以及使用的波段带宽 B 呈线性关系，当微波辐射计使用的波段确定后，就可以直接用 εT 来表示被测物的辐射能力，专业上称 εT 为亮度温度（简称亮温），用符号 Tb 表示。显然，微波辐射计获取的只是被探测目标各个位置点上的"亮温"数值，而不是真实影像，遥感信息处理专家用颜色的深浅来区分这些数值的大小，做成图像显得更直观。由于图像的颜色并不是景物的真实色彩，我们称这类图为假彩色影像图。

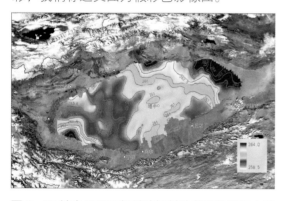

图 3-15 神舟四号飞船微波辐射计获取的塔里木盆地亮温图

微波辐射计不需要发射信源装置，它所探测的信号直接来自地表微波热辐射。因此，仪器比较简单，体积小，重量轻，运行在更高的卫星高度上（一般在 10～50 千米范围），可以获得较宽视场，而且重返周期

高，所以适合大面积实时动态监测陆地表面的土壤水分含量，是监测洪涝、旱情的有效设备。因为，干燥土壤和水体之间介电常数差异巨大，辐射能量显著不同，根据这种差异，可以判断出土壤介电常数的变化特性，进而得到土壤水分信息。但是，地形和地表粗糙度会影响微波辐射计接收的信息。因为，植被覆盖会使不同频率下的地表微波辐射信号产生一定的衰减，植被冠层自身也有微波辐射；地表层物理特性的不均匀性，也会影响观测到的地表信息；土壤的质地、大气、地表和植被温度的空间变化等都会给确定辐射信息和土壤水分之间的关系带来不确定性，从而限制了反演土壤水分的精度。研究发现：随着微波波长的增加，其穿透地物的能力增强，在大于 10cm 的波段范围里，植被和地表粗糙度的影响就会变小，对于低矮稀疏植被覆盖情况下，土壤水分对观测信息的影响起主导作用，有可能较好地反演出土壤水分。

中国的微波遥感技术

中国的微波遥感技术总体上讲，相对于欧美国家要滞后 10～20 年，但是近年来我们发展速度呈现跨越态势。合成孔径雷达研制工作，起步于 20 世纪 80 年代，到 21 世纪初的 20 年间，开展过一系列地面和航空机载实验，突破了若干重大关键技术，并在 2006 年被列为国家"高分辨率对地观测系统重大专项"任务之一进入《国家中长期科学与技术发展规划纲要》。2006 年 4 月首次发射合成孔径雷达侦察卫星尖兵五号，地面分辨率 5 米，重 2700 千克，在轨寿命 3 年，填补了我国航天微波成像雷达技术的空白。2016 年 8 月 10 日，中国"高分 3 号"卫星搭载首台 C 波段多极化合成孔径雷达（SAR）升空。这台合成孔径雷达具有多项

自主创新特色，它不仅涵盖了传统的条带、扫描成像模式，而且可在聚束、条带、扫描、波浪、全球观测、高低入射角等多种成像模式下实现自由切换，既可以探地（图3-16），又可以观海，达到"一星多用"的效果，其分辨率达到1米，使我国的合成孔径雷达技术上了一个台阶。

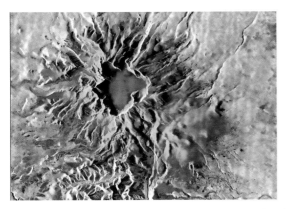

图 3-16 中国星载合成孔径雷达获取的长白山天池图像

中国微波散射计研制起步于20世纪80年代。1992年中国载人航天工程立项，把微波遥感作为主要试验应用任务之一，开始天基微波遥感器硬件和地面应用研究工作。2002

年12月，神舟四号飞船成功发射，集成微波散射计、微波辐射计和微波高度计的多模态微波遥感器（M3RS）首次进行空间试验。

神舟四号微波散射计获得了第一个海洋风场数据（图3-17），为中国海洋环境卫星

图 3-17 神舟飞船散射计获取的海面风场

立项提供了技术支持。2011年8月，中国第一颗海洋动力环境卫星（HY-2A）装载的微波散射计正式投入业务运营，主要用于全球海面风场观测（图3-18），中国成为能够掌握全球海洋风场信息的少数几个国家之一。

神舟四号载微波高度计空间实验所取得

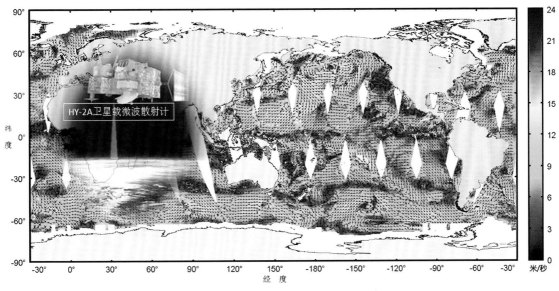

图 3-18 中国 HY-2A 卫星观测到的全球海洋风场图（国家海洋应用中心）

的设计经验奠定了新一代微波高度计研发的高起点。2011 年 8 月发射的海洋动力环境卫星（HY-2A），由微波高度计获取的海面有效波高数据与 Jason-2 探测信息比较，偏差为 -0.26 米；与国家资料浮标中心（NDBC）数据间的标准偏差为 -0.22 米，标志着中国星载微波高度计硬件设计和信息处理反演技术均已成熟，并达到国际水平。

2016 年 9 月，由中国科学家历时近 10 年研制的三维成像微波高度计，随天宫二号（TG-2）空间实验室发射升空。这是一台基于干涉测量技术获得三维海面形态、测量海平面高度的仪器，它采用小入射角、"一发双收"的双天线和双通道接收机方案，获取高相干海面回波（图 3-19）。利用其高精度

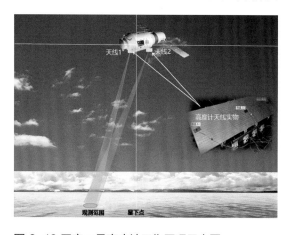

图 3-19 天宫二号高度计工作原理示意图

干涉相位测量能力以及波形跟踪能力，精确获得宽刈幅范围内，描述海面高度的干涉相位信息，通过对干涉相位进行处理，精确恢复出高度计双天线相位中心与测量海面点的几何关系，从而确定平均海平面的高度值。这是世界上首次实现宽刈幅海面高度测量并能进行三维成像的微波高度计（图 3-20），它不仅能够测量海平面高度、海洋水深，还可以测量海陆界面、沙漠湿地等陆地形貌。TG-2 高度计是世界上第三台同类原理的微波

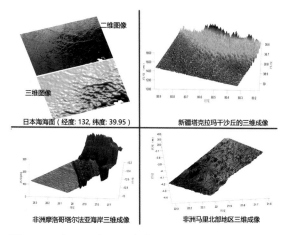

图 3-20 中国天宫二号高度计部分成像图

遥感器，在轨运行的 1000 多天时间里，获取了大量海陆信息，促进了中国海洋动力环境研究与应用发展，标志着中国微波高度计遥感技术跃居世界前列。

神舟四号搭载的 5 波段微波辐射计，最低频率为 6.6GHz，主要用来反演土壤水分，其积累的技术促使我国 2008 年 5 月发射的风云三号 A 星装载了微波温度计和微波湿度计，从此气象遥感从光学波段迈向微波波段。在 2010 年、2013 年和 2017 年发射的 3 颗风云三号（FY-3）气象卫星（图 3-21）上，微波温度计和微波湿度计成为标准配置。2011 年发射的海洋二号（HY-2）卫星搭载了扫描式微波辐射计和校正微波辐射计两台设备，配合微波散射计、合成孔径雷达、微波高度计等主动微波遥感器，对海洋动力

图 3-21 风云三号卫星在轨演示图

环境进行了综合探测。

随着微波辐射信息反演技术的提升，微波辐射计的应用范围越来越广泛，它在大气、海洋、陆地遥感等方面都有很好的应用。例如，天气预报和气象保障、大气温度和湿度、强对流大气和洪涝灾害监测，以及陆地、海洋和大气之间的水汽交换监测；在陆地遥感方面应用于土壤墒情（湿度）、积雪、土地沙化，森林植被等探测；在海洋环境遥感方面，测量海水的盐度变化及分布，进而反演渔场、鱼汛；通过土壤湿度、大气湿度和海水盐度分布等指标研究全球水汽循环，了解全球气候、环境变化，服务于地球资源环境的保护与合理利用，所以微波辐射计应用技术研究成为世界各国科学家的重点课题之一。

微波遥感器的工作频率

无论主动式或被动式微波遥感器，如何选择微波频率非常重要。因为使用的微波波长与被探测目的直接相关。微波波束入射到地表面时的特性是，一部分能量被地表散射到大气中（称为面散射），其余部分则穿过地表进入下部，地表下部的物质结构不同，还会发生散射现象，使一部分能量穿过地表界面回到大气中（称为体散射），但是这种体散射只能在一定深度情况下产生（称为穿透深度）（图 3-22）。影响穿透深度的主要因素是微波波长、地层物质结构和含水量，波长越长或水分越少，穿透深度就越大。

所以，微波遥感选择较短波长可以获取冰雪、植被、沙漠、森林等地表覆盖物的数据或图像；使用较长波长可以获取地下土壤水分和下层地质构造特征的图像或数据。例如，当对地球表面进行探测时，优选频率低于 90GHz，频率越低，大气透过率越高，来自大气气体的辐射干扰越小；当对大气层进行探测时，优选频率高于 11GHz，以避免和减轻来自地球表面的反射和辐射干扰。所以，无论是主动式还是被动式微波遥感器应用于不同探测目标时，基本设计是选择工作频率、射频带宽、极化和测量时的入射角等。

表 3-2 列出了主动式和被动式微波遥感器，针对不同遥感应用目标时优选的频段。

微波遥感器的天线

微波遥感器的天线系统就像是光学遥感器的前置望远镜系统，是收发微波信息的重要部件。主动式微波遥感器通过天线向被探测目标发射微波能量波束，接收被测目标反射或后向散射的微波能量信息；被动式微波遥感器的天线指向被测目标接收来自被测目标物发出的微弱辐射信息。天线系统是微波遥感器的眼睛，是遥感器功能和性能的重要指标之一，天线系统的形态和几何尺寸，往往要根据遥感器工作频段、工作方式来设计。

空间分辨率是表征微波遥感器识别探测目标物能力的最基本的指标。在微波段内对某一频率而言，天线的口径越大，天线的波束就越窄，这就意味着空间分辨率越高。以合成孔径雷达为例，由于一个真实孔径的天线系统，无法获得高的空间分辨率，于是，采用被测目标与雷达相对运动形成的轨迹构成一个天线的合成孔径，从而获取高的角分辨率。但是，这同样也要求有一个真实孔径

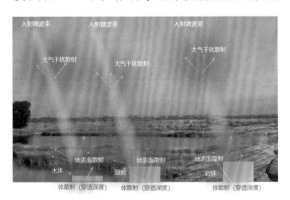

图 3-22 微波入射地面散射特性示意图

表 3-2 微波遥感器工作频率选择示例（内容摘自 GJB7680 — 2012）

	使用频道（GHz）	遥感探测目标
主动式（有源）遥感	1.215~1.26	地质构造、海浪结构、土壤湿度、海洋内波
	5.25~5.35	海冰测绘、陆地测绘、两极航道
	8~8.2	植被区分、陆地利用、地表测绘、海面污染
	13.25~13.75	海浪、海面风场、海冰厚度、植被区分、海面污染、降水
	17.2~17.3	植被区分、雪区测绘、陆地利用、海面污染
	94~94.1	云
	100.49	一氧化二氮、一氧化氮
	110.8	臭氧
被动式（无源）遥感	1.40 ± 0.05	土壤湿度、海水盐分、海面温度、植被指数
	2.6~2.7	海水盐分、植被指数、土壤湿度
	4.99~5	土壤湿度、地质构造、海洋内波、空地区分、海冰地貌、海面温度
	10.6~10.7	雨率、雪含水量、冰形态、海况、土壤湿度、海面风速
	18.6~18.8	雨率、海况、海冰、水汽、海面风速、土壤发射率和湿度
	21.2~31.5	水汽、液体水、大气探测、海冰、测绘、云、表面湿度
	36.5	水、雨率、雪、海冰、云
	50.3	测量大气温度廓线的参考窗口
	89	云、海面溢油、冰、雪、雨
	115.27	一氧化碳
	120.02~122.25	一氧化二氮
	157	地表和云参数
	164.38; 167.20	一氧化二氮、云含水量、冰、雨、一氧化碳、一氧化氯
	184.75	臭氧

足够大的天线，来实现满足合成孔径后的空间分辨率。例如，一个工作在 X 频段的星载 SAR，要实现 1~5 米空间分辨率、幅宽 8~50 千米的成像能力，其最小天线几何尺寸应有 6m×3.5m 左右（图 3-23）。

干涉式合成孔径雷达（inSAR）被广泛应用于地理测绘的三维成像。inSAR 在两个或三个相距一定距离 D 的位置上，同时接收来自同一目标的回波信号，通过各个接收点关于目标点的相位差（干涉相位）来获取目标物的高程信息。两个接收机之间的距离 D 被称为干涉基线，基线越长，高程测量误差就

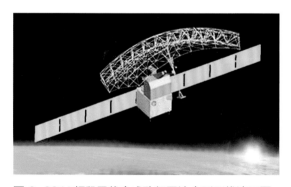

图 3-23 X 频段星载合成孔径雷达伞形天线演示图

越小，如果要求测量高程误差不大于 1 米，就需要干涉基线至少是 60～70 米，甚至 100 米以上。在一个航天器上要同时安装相

距 100 米的两套接收机系统，必然需要使用支撑展开机构，这种空间运动机构是庞然大物。美国 AEC-Able 公司曾经研制过一套星载用 inSAR 球铰接杆展开机构（图 3-24），重量达十几吨。支撑机构在空间如何展开，展开后如何保持其稳定性，如何降低撑杆颤动带来的测量误差等一系列问题，成为需要解决的附加关键技术。

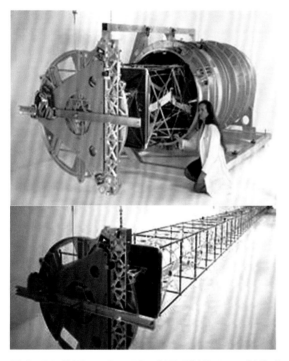

图 3-24 美国 AEC-Able 公司研制的 SAR 基线球铰接杆展开机构（上：收拢状态；下：展开状态）

基于测量基线越长，测量精度越高，人们提出了利用两颗或多颗独立运行的空间飞行器平台编队执行探测同一目标区域的分布 SAR 方案：基线长度就是两个飞行平台之间的空间距离。可是，两个平台测量的同步、飞行器的精密定轨、姿态稳定性，以及两套设备的一致性等问题，都必然使计算方法更加复杂。因此，其技术难度只会比单平台 inSAR 系统更大。

根据应用目标不同，微波遥感器的天线设计也并非都是像上述系统那样的巨型设备。一些仅用于某单一应用的微波高度计、微波散射计、单通道或多通道微波辐射计等也可能会使用尺寸口径小于 1 米的小型或微型天线系统，但是天线的构型及馈源、驱动、运控、温控措施等同样是需要解决的重要关键技术。例如，2006 年 8 月 30 日，英国《防务新闻》报道称：美国 ImSAR 公司同 Insitu 公司合作，研发出重量仅为 1 磅（0.454 千克）的纳米合成孔径雷达（NanoSAR），能够在各种气象条件下为无人机提供监视功能，它的天线和主机集成一体，它应当是世界上最小的微型合成孔径雷达（图 3-25）。

图 3-25 世界上最小的微型合成孔径雷达

主动式微波遥感器的发射系统，根据任务的性能指标要求不同，对发射机的指标要求也不同，要获得好的探测结果，有些技术指标要求很苛刻。例如，一台工作在 Ku 波段（中心频率 13.9GHz）用于测量海面波高的微波高度计，指标要求有效波高测量范围 1 ~ 20 米、测量精度 0.5 米或 10%，因此，在已定发射功率条件下，发射信号脉冲宽度应小于 3 微米，脉 – 脉抖动不得大于 1×10^{-9}，其技术实现，需要采用线性调频的脉冲压缩技术，而且需要有一个稳定的，大功率、长寿命的航天级末级微波功率放大器和天线系统稳定的精度指向（图3-26）。

图 3-26 天宫二号微波成像高度计的天线系统

一套综合机、电、热一体化总体设计的航天微波遥感器，不仅上述的天线系统、发射机系统是关键技术，它的宽频带接收机系统、成像处理系统、定标系统，及其系统间的微波和高频连接，都是重要关键技术。利用计算机技术和自动化控制技术对一套复杂系统的测、控和运行管理，也是重要技术。采用一切可能的、技术上成熟的各项技术手段，使之既适宜飞行平台加载，满足高性能、高指标的应用需求，又做到尽可能小型化、轻量化、高可靠，是航天微波遥感器研发的总体技术路线。

第 **4** 章
遥感影像是如何制作出来的

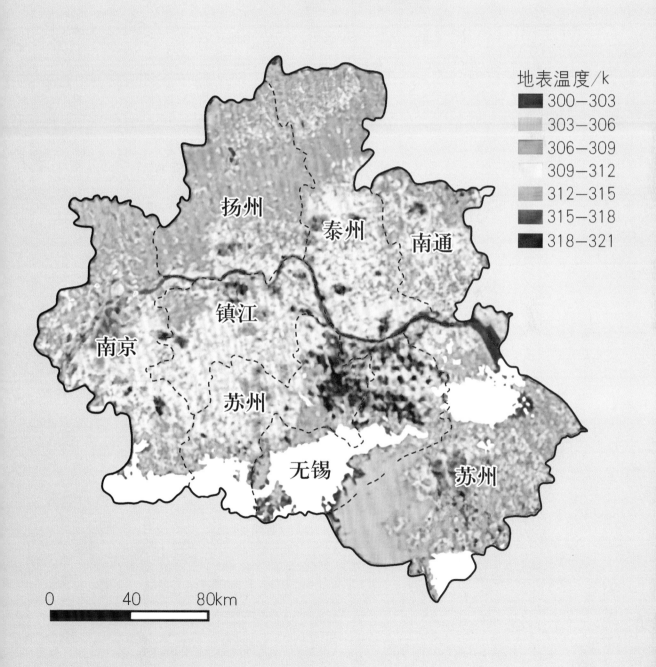

地表温度/k
- 300-303
- 303-306
- 306-309
- 309-312
- 312-315
- 315-318
- 318-321

扬州

泰州

南通

镇江

南京

苏州

无锡

苏州

0   40   80km

不一样的遥感照片

在 20 世纪八九十年代使用胶片相机时,人或景物被感光在胶片上,要到照相馆才能冲洗出照片。21 世纪初开始,数码相机使用固体成像器件流行起来,摆脱了对感光胶片的依赖。智能手机照相功能的取景和成像都可以即时看见(图 4-1),"即拍即显",一次拍摄不满意,当场删除再重拍一次,十分方便。影像可以存储在磁卡里、刻录到光盘上,可以传输到电脑上,可以通过通信网络传递交换给第三方,还可以用彩色打印机等设备输出纸质图像照片。多种图像保存、交流方式还可以附加上拍摄时间、地点、场景等相关信息,丰富了照片的收藏意义。

对地观测获取的遥感信息和普通照相技术相似。但是,要获取到专业应用的遥感数字信息或图像却比普通照相复杂得多,因为

图 4-1 智能手机的照相功能

遥感器直接获取的原始数字信息会有一些不可避免的误差,所生成的遥感图像并非像地面照相那么如意。要想得到满意的、真实反映被观测目标场景或物性的影像,需要专业的遥感科学家来加工处理。

为什么遥感影像获取不能像地面照相那么方便呢?

首先,从获取信息的设备来说,集光、机、电先进技术专门研制的遥感器,要比普通相机复杂得多,为适应空间对地观察独特的工作方式,遥感器的光学系统、成像器件、电子学设备要求的技术指标严格,但是任何硬件制造都会有工艺误差,因工艺误差带来的设备功能指标误差直接影响遥感信息获取能力,获取的遥感信息会有偏差。

其次,航空、航天遥感成像机理不同于地面照相。从高空俯视观察地面,成像角度、成像方式与地面平视的效果完全不同(图 4-2),而且空间大气环境还会对成像光路产生干扰,使得遥感信息失真,导致图像扭曲、变形,甚至会因为遥感平台运动的轨迹造成影像信息重叠或错位等。

最后,从遥感信息记录和传递过程上讲,遥感器通过光学系统汇聚目标光影,通过 CCD 成像器件把光影转变成电信息,由电子学系统进行数字编码,再由星 - 地通信信道将编码的电信息传输到地面,地面接收站将接收的信息恢复出原始遥感图像⋯⋯在这

图 4-2 对地遥感和地面照相的视角比较示意图

一系列信息记录和传递过程中，都难以避免会有来自设备和路径的干扰信息掺杂到原始遥感信息之中，使得在地面接收站输出的原始图像变得模糊失真（图 4-3）。一张从空间获取的遥感图像，如果没有与影像同步的"时间""高度""地区"这些附加信息是无法判读的，这幅图像将没有任何实用意义。这就好像你的朋友一声不吭，单发给你一张模模糊糊、歪七扭八的照片，你能知道那是哪里？照的什么吗？

另外，还有一个地面普通照相机根本不存在的问题，地面普通照相机只使用可见光波段的黑白或彩色图像识别人物表情、事物美景等，而航天遥感通常还需要从不同波段对同一观测对象所含有的物理、化学与生物等信息进行识别，选出用户关心的各类应用

图 4-3 未经处理的遥感原始图像

目标，技术难度远远高于解读一张黑白或彩色的地面普通照片。所以，现代遥感信息应用图像处理技术成为一门与遥感探测技术并肩的前沿高技术学科。

将一般人很难看懂的原始遥感图像，通过技术处理，剔除杂散干扰信息，修复出反映目标真实特性的原始信息，利用专门的判读技术，充分挖掘遥感图像涵盖的内容信息，进行应用挑选分类，添注上必要的附加信息，制备出专业应用遥感图像，是遥感探测的最终成果体现。例如，气溶胶是一种介于 0.001 微米到 100 微米的固体或液体小质点分散并悬浮在空气中形成的胶体物质，是影响空气质量的重要因素，探测大范围的气溶胶分布是遥感技术的一项重要应用。图 4-4 是遥感应用图像处理专家利用中分辨率成像光谱仪对地遥感影像，处理出来的一幅反映渤海湾气溶胶分布的专题图。在原遥感彩色合成影像中无法辨识的气溶胶分布，在专题图上却非常直观。遥感专题图，就是指按某一应用目标输出的图样。例如，一幅提供岩石矿物分布的遥感图像，就不需要包含森林植被覆盖的信息；一幅反映地面植被分布的遥感图像，也不必包含岩石矿物分布信息。不一样的专业遥感图像，没有艺术照片的美感，却有丰富多彩的宝贵应用价值。

如何读懂遥感图像

并不美观的原始遥感图像，对于遥感应用专家来说，却是一座金矿。遥感应用专家不但可以让遥感影像恢复真实、美观的原貌，还可以从同一地区、同一时间获取的同一幅遥感影像中抽丝剥茧，魔术般地变化出满足不同应用需求的多幅影像。所以，使遥感技术能够真正发挥社会效益，服务于国民经济建设、国防建设以及人们日常生活的主角，是遥感信息与图像处理专家。他们利用

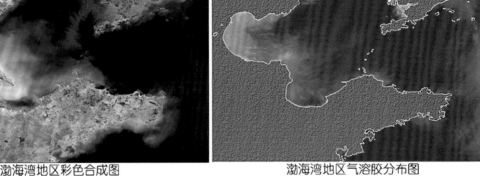

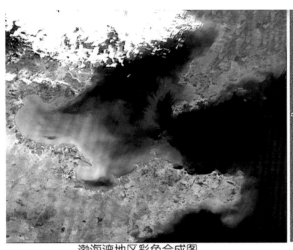

渤海湾地区彩色合成图　　　　　　　　　渤海湾地区气溶胶分布图

图 4-4 遥感应用专业图像示例（神舟三号 2002 年 6 月 11 日渤海湾图像）

自己丰富的专业知识和技巧，完成一系列枯燥无味却又必须要做的烦琐工作，陶冶出焕发金光的件件应用成果。

　　遥感信息图像处理就是一个淘沙、冶金的过程，需要科学家们耐心细致地去完成预处理与精处理、图像校正、信息转换、分类信息提取等工作，涉及学科广泛，是高新技术领域的前沿研究课题。下面分别做些简单介绍。

　　遥感图像预处理是指在地面接收站接收到从遥感器发来的原始信息后，解译传输数据编码，恢复出原始影像并剔除明显的传输干扰，标注相关附加信息，提供可进一步做应用处理的原始图像信息。

　　所谓图像校正，就是用专业技术手段，去除信息在获取过程中产生的扭曲、畸变和虚假干扰，还原被观测对象的真实信息。就像普通地面照相，在输出照片时，通过照片编辑器去除画面上的斑点、调整相面灰度、色彩、增强或减弱明亮反差，根据个人审美进行拉开、压缩、剪辑等操作。总之，目的是输出一张美观、漂亮，具有欣赏价值的照片。但是，遥感图像校正，却不是为了照片

画面的美观，相反它追求的是照片所反映的画面信息能够真实地描述观测对象地物特性，真实地反映事物原貌。

　　一幅航天对地观测的遥感图像经过校正后，应有严谨的地理坐标科学定位（图4-5）和真实形貌，根据信息获取时间，准确表达出照片中不同物体的空间属性、辐射特性和光谱属性。

　　空间属性指被探测对象所在位置的地理坐标、大小和形状，这是目标定位的关键信息。

图 4-5 有坐标定位的标准遥感图像

辐射特性是被探测物体（目标）对自然光（或某个电磁波段）反射或自身辐射的强弱，这是形成影像的最重要条件，如果目标没有反射／辐射，或者反射／辐射很弱，就感知不到物体。

光谱属性指目标物体所反射或发射的辐射光谱，不同的地物有不同的光谱，反映出地物的各种不同颜色，不同的物理、化学和生物特性。把辐射、光谱和空间结合起来，既能得到被观测对象的图像信息，又能得到它的光谱信息。

遥感应用科学家利用遥感数据的光谱、辐射、空间和时间属性数据，进行定性、定量分析判断，把地物目标分成不同的类型，加工出确定一个物体、一个事件或一个现象是什么（What），在什么地方（Where），是什么时候发生的（When），从而反映出地球表层自然和人工地物的状况、类型、空间分布及其变化。例如，某一个地区的地形、地貌，或者是某块土地上的植物、水土状态，或者人工建筑设施状态……

让图像准确清楚

为了让图像准确清楚，需要进行图像校正，包括几何畸变校正、辐射度失真校正和大气消光校正等。产生图像数据畸变的原因不同，校正处理方法也不同。

辐射校正是纠正遥感器测量值与被观测目标真实反射或辐射值的差异（专业上称为辐射误差），在图像上表现出来的就是亮度（灰度）失真、图像模糊、分辨率和对比度下降。产生辐射误差的原因有多种：第一是遥感器的特性误差，譬如航天相机的光学系统成像面存在着边缘部分比中心部分暗的现象；光电变换器件的灵敏度特性有高低偏差；电子学系统会产生条带噪声和斑点噪声。第二是自然光照条件误差，譬如太阳位置和角度变化，在地表反射、扩散，使得遥感器对地摄影时，出现图像边缘更亮的所谓"光点"效应。第三是地面目标物的地理形貌误差，当地貌出现较大倾斜时，经过地表扩散、反射再入射到遥感器的辐射亮度变化。各种因素产生辐射误差的机理不同，其校正方法也会不同（图4-6），所以辐射校正是一个非常复杂烦琐的过程。为了给应用分析提供一幅准确的遥感图像，遥感应用图像处理专家，针对不同的辐射误差机理，建立不同的数学模型，逐一校正。例如，一台新研制的遥感器在投入使用之前，必须在地面标准辐射校正场进行定标，获取设备的灵敏度的度量标准，在轨运行时也要定期进行定标，校正度量尺度，通过分析设备失真过程，利用定标数据建立失真模型，对获取的遥感数

去除条纹辐射校正（左：原图；右：校正后）

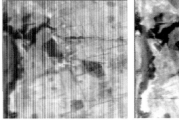

太阳高度角辐射校正（左：原图；右：校正后）

地形坡度角辐射校正（左：原图；右：校正后）

图4-6 几种辐射校正效果对比示例图

字图像信息进行辐射补偿、剔除条带噪声和斑点噪声；利用摄影时的轨道参数，分析光点与边缘减光现象，利用推算阴影曲面的方法消除太阳高度角带来的辐射误差；采用地表的法线矢量和太阳光入射矢量的夹角进行地貌倾斜带来的辐射误差清除等。遥感应用图像处理专家还通过辐射校正建立的反射／辐射量值与遥感器输出的数字量值进行数据反演，得出目标的物理／化学特性分布的数字图像，如温度、反射率或某成分的含量等。

清除大气层的捣乱

从卫星上获取地面景象，不可避免会受到大气层干扰。所以清除大气层的捣乱非常重要。其实，大气校正也是一类辐射校正，进入遥感器的辐射不单是被测目标的真实辐射，还有因大气的吸收、散射以及天空光照射等杂散的干扰辐射（图4-7）。大气辐射校正有基于辐射传输模型、基于统计学模型等很多方法。"直方图最小值去除法"是最简单的大气辐射校正方法（图4-8），它的基本做法是：在一幅遥感图像中，首先找到辐射亮度或反射率接近"0"的某种地物作为参考对象点，而实际获取的图像信息中，这个参考对象点可能并不为"0"而是某一个"A"值，

则可以认为这个值就是大气散射导致的辐射值，在所有的像元中都减去它，使得亮度动态范围得到改善，对比度增强，从而提高图像质量。

在多波段的遥感图像处理中，"回归分析法"也是常用的大气校正手段（图4-8），其原理简单地说，是设定a波段的大气影响亮度增值最小，接近零，再找到另一个要校正的b波段相应的最小值，建立二维光谱空间，通过回归分析计算出a波段辐射亮度为"0"处，b波段的辐射亮度"B"值，可以认为这个"B"就是大气辐射干扰，在b波段的每一个像元亮度中都减去它，采用同样方法依次完成其他所有波段的处理，完成整幅图像的大气辐射校正。

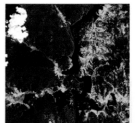

直方图最小值去除法大气辐射校正效果比较（左：原图；　右：校正后）

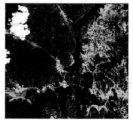

回归分析法大气辐射校正效果比较（左：原图；　右：校正后）

图4-8 大气辐射校正效果比较示例

把扭曲的图像扳正

由于轨道高度、飞行速度、姿态（俯仰、侧滚、摆动）等造成遥感器与被观测地面目标的相对运动，观测视场角、工作方式，以及地球曲率、大气折射等诸多原因，使得获取的原始图像信息几何坐标畸变，像元宽度大小不均匀，扭曲了被观测目标的空

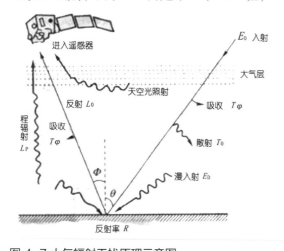

图4-7 大气辐射干扰原理示意图

间位置，几何校正就是还原地物相对位置的准确坐标关系。遥感信息处理专家根据同步提供的拍摄时间和轨道数据，可以初步确定一帧原始遥感图像的基本地理位置区域，在相应区域的标准地图上均匀地选取与遥感原始影像上一一对应的明显地物作为控制点，建立模拟几何畸变的数学模型，以此确定原始遥感图像与标准地图坐标之间的对应函数关系，按这个关系将原始遥感图像中的全部像元依次转换到标准坐标系中（图4-9），转换后的图像，也许没有原始图像那么方方正正，变得东倒西歪，但图像中每一点都准确表达了观测对象的空间位置属性。

让图像层次分明

为了更加容易准确地识别遥感图像中的具体内容，经过辐射校正和几何校正后的遥感图像还必须依据图像分析的目的，进行图像变换处理，让它层次分明。图像变换又称为图像增强，有多种技术手段，如灰度变换、彩色合成等，都是为了更有利于图像判读。

"灰度"是源于黑白照片摄影时代的术语。它是指由于景物各点颜色及亮度不同，在黑白照片上的各点呈现不同深度的灰色，从黑色到白色之间分成若干级，称为"灰度等级"，分级越细，画面的层次就越丰富。

用现代遥感成像技术理论来讲，灰度表示目标物体对自然光照的电磁反射/辐射强弱：当物体对自然光全吸收，反射率为"0"时，表示遥感器接收到的信息为最小"0"；当目标物体对自然光全反射，反射率为"1"时，表示遥感器接收到的信息为最大"1"。通常一个目标的地物反射率为0~1，如果用一个字节数字编码表示，则为0~256，所以归一化灰度分为255个等级（图4-10），现代先进的信息处理技术，遥感器灰度分级可以做到512、1024……甚至更细。以256灰度分级为例，在数字遥感图像中，一个字节记录一个像元，在实际的对地遥感探测时，如果当地物自然光照较弱，天气阴霾时，或者巧遇极强背景光照干扰时，获取的图像

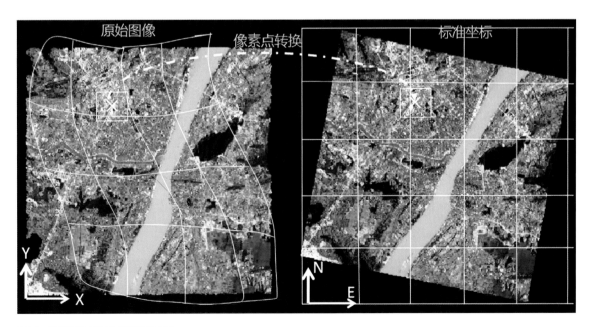

图4-9 遥感图像几何校正示例

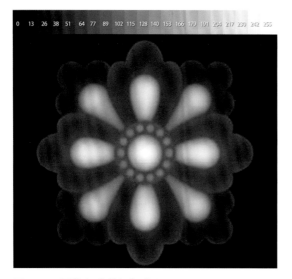

图 4-10 图像灰度等级标准图

↑ 分段线性增强（左：原图像灰度；右：变换后图像灰度）
↓ 非线性拉伸增强（左：原图像灰度；右：变换后图像灰度）

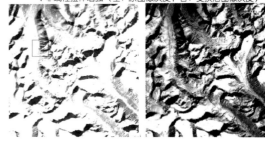

图 4-11 图像灰度变化示例

都会变得灰暗模糊或变成一片白斑，难以判读它反映的是什么东西！即使在阳光充足的情况下，那些弱反射的目标反射的电磁波（光）强度常常只占 256 个等级中的很小一部分，而强反射目标可占 256 个等级中的大部分，这就形成了图像的灰度等级。

对于一幅原始遥感图像，在保证真实信息不丢失前提下，通过处理，可以充分利用灰度等级范围，使图像显示出更丰富的层次，这就是"灰度变换"的目的（图 4-11）。常用的灰度变换方法有线性增强、分段线性增强、等概率分布增强、对数增强、指数增强和自适应灰度增强，以及图像卷积、傅里叶变换等。线性增强是将图像中原来比较小的像元灰度值范围按比例、成直线地扩展，从而提高图像的层次感；分段线性增强和线性增强类似，是预先把像元灰度值分成几个区间，每一区间的灰度值按线性增强的方式变换到另一灰度区间；等概率分布增强是使像元灰度的概率分布函数接近直线。当信息采样不均匀性，造成像元灰度值反常地极大、极小时，为了恢复其真实的灰度层次，也常使用非线性增强方式，如采用"对数增

强"方式去扩展灰度值小的，压缩灰度值大的，或者采用"指数增强"方式扩展灰度值大的和压缩灰度值小的。还有一种自适应灰度增强方式，则是根据图像的局部灰度分布情况进行灰度增强，使图像的每一部分都能有尽可能丰富的层次。"图像卷积"的处理方法对于除去图像上的噪声斑点使图像显得更为平滑，增强图像上景物边缘等有更好的效果。

图像的灰度增强和卷积都是直接对图像的灰度值进行处理，有时称这类方式为"图像的空间域处理"。而傅里叶变换是一种基于空间频率域的处理方法：把图像的灰度分布转换成空间频率分量，图像灰度变化剧烈的部分对应高频部分，变化缓慢的部分对应低频部分。采用滤波器滤去部分高频分量消除图像上斑点条纹，使图像平滑；增强高频分量突出景物细节，使图像锐化；滤去部分低频分量使图像上被成片阴影覆盖的区域细节更清晰……滤波处理后的灰度分布再反变换为图像的灰度分布，经过傅里叶变换处理

后能够有效地提高图像的质量，是遥感图像处理普遍采用的有效办法。

制作一幅彩色照片

　　人的视觉对彩色的分辨能力远远高于对灰度的分辨能力。譬如，同样是一朵花的图片，彩色会比黑白具有更逼真、更精细的感觉（图 4-12）。这是因为：通常人眼只能分辨十几个灰度等级，却可以分辨 100 多个色彩层次。通常情况下，无论遥感器获取的是 0.4~0.7TNR 可见光全波段的影像，还是某个单一波段（如红外、紫外、微波）的单色影像，都是记录每个像元反射/辐射能量大小，呈现的都是黑白灰度影像。所以，为了便于遥感图像判别，提高目标识别精度，根据人的视觉特点，通过色彩增强技术，将彩色应用到图像信息的表达中，是遥感图像处理最常见的方法之一。

　　根据合成影像的色彩与实际景物自然色彩的关系，色彩变换分为伪彩色合成、真彩色合成和假彩色合成等。伪彩色增强最简单

的处理方法是，把黑白图像的灰度级分成 N 个区间，给每个区间指定红、绿、蓝三基色成分比，灰度图中的每一个像素依次变换就完成一幅从灰度图像变成伪彩色图像的处理（图 4-13）。这种方法称为"密度分割法"，简单、直观，得到的彩色图像比原黑白图像细节更清晰，目标更容易识别。

　　真彩色合成是指一幅黑白遥感图像，经过变换得到的彩色图像与真实场景的色彩基本一致或相近。例如，在多波段遥感相机中，1、2、3 波段的中心波长分别选取了 435.8nm、546.1nm 和 700nm，这恰好是蓝、绿、红三基色的规定波长，在图像处理时，就用蓝、绿、红三色分别填充 1、2、3 波段影像，原图像的灰度就是单色的亮度，三个波段影像合成时，根据三基色原理，自然混合出色彩丰富且与目标场景色彩一致的彩色影像（图 4-14）。真彩色合成是成像光谱仪、多波段相机、可见光全色相机等遥感图像分析判读最常用的方法。

　　假彩色图像是指图像上的影像色调与

图 4-12 人的视力对彩色比对黑白有更高的分辨能力

原图灰度值（灰阶）	转换取色成分（0~255）			原图灰度值（灰阶）	转换取色成分（0~255）		
	红	绿	蓝		红	绿	蓝
14~31	255	0	0	87~104	0	255	255
32~49	146	91	29	105~123	255	0	255
50~68	0	0	255	124~141	176	48	96
68~86	255	255	0	142~160	46	139	87

图 4-13 伪彩色变换示例（上：灰度分区选色表；左：原图像；右：伪彩色图像）

实际地物色调不一致。例如，红外遥感所获取的影像一般是肉眼看不见的，但在遥感图像处理时，为了使感兴趣的目标能够呈现出来，并使呈现的景物与人眼的色觉相匹配，提高对目标的分辨力，而为目标添加相应的颜色，就是一种假彩色合成处理。这在可见光、红外、多波段、多光谱、高光谱和微波遥感图像信息和数字信息处理中已广泛应用。一幅由成像光谱仪获取的水体调查专业应用遥感图，分别用不同的颜色显示水体叶绿素含量是假彩色合成最典型的应用示例（图 4-15）。所以假彩色合成可以看成是用新的三基色分量替换自然色彩的图像，合成目的是使感兴趣目标呈现出与原图像中不同的、奇异的、引人注目的彩色。

图 4-14 中国西部山地的真彩色遥感图像（《天宫一号光学遥感图集》）

从遥感图片上读出你需要的内容

人们在看一张普通照片时，总会根据照片上的颜色、形貌来判断照片上的树木、花

水体叶绿素 a 含量

低　　　　　　　　　　　　高

图 4-15 中国鄱阳湖水体质量假彩色遥感图像
（《天宫一号光学遥感图集》）

草、山水、人物等。照片清晰、画面美观，色彩协调丰富，能够帮助人从照片上获取到丰富的信息，有时甚至能够通过人物的面部表情判断出照片上那个人的年龄、心情好坏等。同样，一幅遥感影像虽然没有生活照片那样注重画面美感，但它蕴含着远比普通照片丰富得多的信息特征，比如光谱特征、灰度等级、纹理特征等。所以对遥感图像进行分析判读和分类远比观看一张生活照片复杂得多，需要由遥感应用专家对图像的每一个像元进行精准的计算解读、分类处理，从中提取出想要获得的应用信息。把图像中的光谱特征、空间特征和纹理特征等进行定量化处理的过程称为特征提取，既是图像增强处理过程，也是图像分类处理过程。图像分类是利用计算机根据灰度等级、光谱特征、纹理特征、辐射亮度等被观测目标的地物参数，经过分析处理，将每个图像像元归入设定类别的过程，又称为模式识别或图像识别。图像分类方法主要有两大类，即监督分类和非监督分类。

监督分类又称为"训练分类法"，是用被确认类别的样本像元识别其他未知类别像元的过程。具体做法是，在分类之前利用野外调查或遥感数据库资料等先验知识，由遥感应用图像处理专家对被处理遥感图像目视判读，确认某些区域中地物类别属性，针对每一种类别选取一定数量的像元作为训练样本，计算每种训练样本的统计特征和其他信息，建立判决函数。

在计算机上用那些确认的样本类别对判决函数进行训练，使其符合于对各种类别分类的要求。随后，用训练好的判决函数对被处理图像中的每个像元和训练样本进行比较，按不同的规则将像元划分到与其最相似的样本类，以此完成对整个图像的分类。例如，一幅中分辨率成像光谱仪获取的华北地区遥感图像，通过采用"BP 神经元网络"的监督分类方法，进行土地覆盖情况分类研究，输出的分类图（图 4-16）能够很好地分辨出裸地、低盖度草地、林地、干旱地和倾旱地、多泥沙水体、少泥沙水体、水浇地、盐碱地、水稻田、水田或水塘等 11 类土地覆盖情况，并能较好地区分不同水质的水体，各类农田、森林、盐碱地。

非监督分类也称"聚类分析法"或"点群分类法"。这种方法无须对图像地物目标获取先验知识，仅依靠图像上不同类别的地物

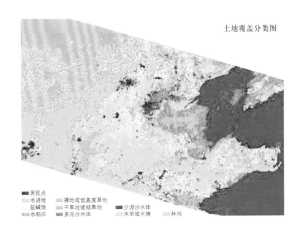

土地覆盖分类图

■ 居民点
　 水浇地
　 盐碱地
　 水稻田
　 裸地或低盖度草地
　 干旱地或倾旱地
　 多泥沙水体
　 少泥沙水体
　 水田或水塘
　 林地

图 4-16 华北地区遥感图像土地覆盖分类图
（神舟三号 2002 年 5 月）

光谱或纹理信息进行特征提取，再统计特征的差别来达到分类的目的。最后对已分出的各个类别的实际属性进行检验确认。

非监督分类方式被普遍使用在一些地域辽阔、无法实施野外考察的大区域分类中，但是前提条件是被分类的目标属性有可信的公知地物波谱数据库资料。也就是说，图像中的地物光谱或纹理信息所代表的物种类别是已得到公认的。利用天宫一号空间实验室获取的高光谱可见近红外影像与全球电子地形图（ASTER-DEM）叠合，采用聚类分析分类法处理得到的喜马拉雅山脉与横断山脉过渡带植被分布（图4-17）是一个典型的应用实例。图像表明：在海拔2100~3400m地带，主要是落叶阔叶林；在海拔3200~4200m地带主要分布的是山地暗针叶林；在海拔3700~4500m地带主要分布的是高山草甸；4500m以上基本被积雪覆盖。因为，这些地物属性的光谱属性是公知的，遥感图像的处理结果真实可信，能够为掌握辽阔青藏高原地区的生态环境提供可靠信息。

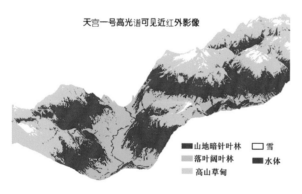

图4-17 中国藏南植被垂直分布图
（天宫一号 2012年5月18日）

制作一幅中国全景图

用照相机照相时，相机取景框会显示出一个最大的成像场景范围。这个范围的大小是由相机的光学指标"视场角"决定的，视场角越大，视野就越大，观察范围就越宽。空间遥感器也有一个最大可观测范围。譬如，某航天可见光相机给出的指标是，在300千米轨道高度下，地面覆盖宽度为10千米；某成像微波遥感器给出在340千米轨道高度下，地面刈幅宽度为220千米……这里的"覆盖宽度"和"刈幅宽度"都是指能够获取的图像可以观测的地面范围。虽然航天遥感器居高临下"站得高，看得远"，一幅遥感图像能够看到几十千米，甚至几百千米的范围，但要得到更宽广范围的图像，还是不容易！那么我们看到的中国全景遥感影像又是如何得到的呢？（图4-18）对于遥感应用领域来说，单幅图像宽度远远不够，无论是生态环境监视，森林、土地、地矿资源调查，还是气象预报、灾害监测都需要更广阔区域范围的遥感图像资料。所以将一幅幅小区域范围的遥感图像拼接成大范围的遥感图像成为遥感应用研究的一项重要工作。

图像拼接专业上又称为"图像镶嵌"，它是将两幅或多幅数字影像拼在一起，构成一幅整体图像的技术过程。图像镶嵌是伴随航天对地遥感技术在20世纪七八十年代才发展起来的新技术。为了保证拼接图像地理坐标正确、不失原有图像真实遥感信息，通常要求在对每一单幅图像完成图像校正和增强处理之后，再由遥感信息处理专家根据需求来进行镶嵌。高质量的遥感镶嵌图像应具备三个基本条件：一是信息丰富；二是色调和谐；三是镶嵌的几何精度高。为满足这些条件，最理想的做法是选择几何畸变小、图像质量高，无噪声、无云盖、获取物理条件相同或相近的图像进行镶嵌。具体做法是：

第一步，确定镶嵌任务目标，选择参与镶嵌的输入图像。通常是使用同平台、同遥感器在同时期获取的相同投影、相同像元

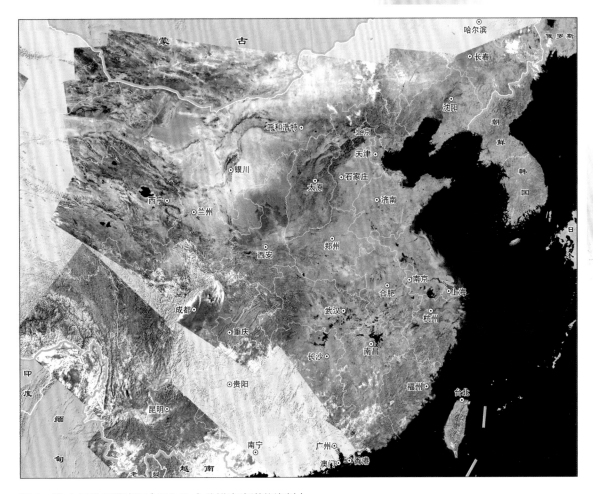

图 4-18 中国地区镶嵌图（SZ-3 中分辨率光谱仪资料）

大小的输入图像拼接。也可以用不同投影类型，不同像元大小，甚至是不同时间获取的观测资料进行拼接，但必须有相同的波段数，有相容的时效性。时效性是指各输入图像的获取时间相差不是太远，地物动态变化不是太大，这样镶嵌在一起，才能保证整个区域遥感信息的真实性。

第二步，确定一幅参考图像作为镶嵌的基准，决定输出图像的投影方式、像元大小和数据类型。通常都是采用标准电子地图叠合，作为地理坐标基准；如果是同平台、同批次的遥感数据，输入输出图像应当有相同的波段数和像元大小，以及相同的投影方式

和数据类型。如果是采用同时段，不同遥感器获取的信息拼接，则要确认输出图像是以哪一个输入图像为基准，统一投影方式和像元大小、数据类型。

第三步，对输入图像进行剪裁。即使是遥感器同时段、同轨获取的图像，为了保证不漏扫，前一幅图像和后一幅图像都会有所重叠；前一轨和后一轨获取的图像也会有所重叠，所以镶嵌前应根据镶嵌区域进行规划，对单幅图像分幅剪裁，剪裁可以是规则的，也可以是不规则的，主要根据图像信息质量来决定取舍，并保证几何精度和无缝隙拼接。

第四步，镶嵌图像的色彩均衡。将多幅图像镶嵌成一幅完整大图时，由于多幅图像拍摄曝光参数不一定相同，使镶嵌的图像看起来像打"补丁"，显示出明显的拼接线（图4-19），这主要是色调不均匀引起的，因此需要进行修补。修补同样要求使用成熟的、最大限度保证不失真的处理技术。

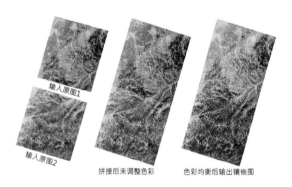

输入原图1

输入原图2

拼接后未调整色彩

色彩均衡后输出镶嵌图

图 4-19 图像镶嵌步骤示意图

测得对，量得准

遥感探测最终目的是解决实际应用问题。譬如，农业部门利用遥感数字地图提供的本地区可耕土地总量、土地分类、土地湿度等物理参数来规划本地区的作物种植及耕作管理；防灾减灾部门利用对地震、台风、洪涝、干旱等自然灾害的遥感监测图像，进行灾情评估，为政府部门的赈灾实施和灾后重建规划提供科学依据……

所以，任何一类遥感应用都需要所获取的信息"测得对，量得准"，以定量化的信息数据为依据，采用准确数据描述的空间位置和地物类型识别，而不像看一张彩色景观照片那么简单（图 4-20）。因此，遥感信息定量化是遥感应用科学的重要研究课题之一，贯穿从遥感器研制到遥感信息获取、信息处理，直到制备出提供给应用部门的遥感数字图像的全过程。

在航空、航天遥感对地观测工程任务中，同步安排的遥感器定标、航空校飞、地面同步观测等技术措施以及大气订正和目标信息定量反演等应用研究，都是为了保障遥感信息定量化这一目的。其中遥感器定标是最重要的工作之一。

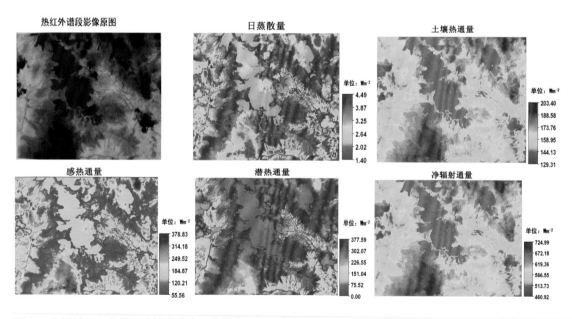

热红外谱段影像原图

日蒸散量

单位：Wm⁻²

土壤热通量

单位：Wm⁻²

感热通量

单位：Wm⁻²

潜热通量

单位：Wm⁻²

净辐射通量

单位：Wm⁻²

图 4-20 某地区日蒸发和土地水分定量化信息分布图（《天宫一号光学遥感图集》）

遥感器定标工作就像是我们要测量某个物体的大小，首先要制造一把尺子，并确认这把尺子是"公制"还是"英制"，对它进行标准刻度。空间遥感器对地探测接收的是地面目标反射／辐射的电磁波能量，这个能量是多少，是哪个波段，也需要事先通过实验或物理模拟方式进行标准"刻度"，这就是遥感器定标的目的，定标方法可分为三类。

一是实验室定标。新研制的遥感器或者是再使用的遥感器，都应当在上天之前通过实验室定标对遥感仪器性能指标做全面检验，包括通过光谱定标确定探测器各个像元对不同波长电磁辐射的响应，得到每个波段的中心波长和带宽，以及光谱响应函数；用标准辐射源进行辐射定标，在不同波谱段建立遥感器入瞳处的光谱辐射亮度值（或照度值）与遥感器输出的数字量化值之间的定量关系。

二是遥感器外场地定标。选择一处有典型地面目标特征的自然区域，或者人为布设一些典型地物辐射特征靶标（图4-21）作为遥感器辐射定标场地，利用遥感器的实际飞行探测和地面同步测量的办法对遥感器进行定标。场地外定标还可以实现全孔径、全视场、全动态范围的定标，还考虑到了大气传输和环境的影响。因此，可以认为它是对遥感器运行状态下与获取地面图像基本相同条件的绝对校正，可以对遥感器进行真实性检验和对一些反演模型进行正确性检验。同时外定标方式也是建立遥感数据库的主要方

图4-21 中国（嵩山）定标场的固定式靶标（中科院安光所发布）

式之一，遥感应用处理专家选用一些典型地物目标对地面同步测量信息与遥感器的实际飞行探测信息进行比较，采用遥感地物波谱技术和模式识别技术定位地物并判别地物特征，开展专题解译分析的预先研究，取得示范结果，建立数据库，为更多的遥感信息应用处理提供依据。

三是卫星（飞机）上内定标。安装在航空、航天器平台上的遥感器，在使用过程中为了检验其性能指标是否变化，保证测试信息定量化精度，要在初次上天运行前或工作一段时间之后，采用指令或自动控制方式进行一次探测器性能校准，也被称为性能定标。因为是在遥感器内部设计有标准辐射源，在仪器内部进行的探测器定标校正，所以被称为内定标。内定标源可以是黑体、标准灯、太阳漫反射板或月亮等。黑体、标准灯，需要实时监测其温度或亮度；太阳和月亮作为基准光源时，可以认为大气层外太阳辐照度或月亮辐照度是一个已知的常数，以此对星载成像光谱仪进行绝对定标是非常理想的，只是将它们的辐射引入到仪器内部的漫反射板，实时监测其反射率就可以。

分波段的光谱图像集

在对地观测遥感设备中，成像光谱仪越来越受到广泛重视，满足各类应用需求的中分辨率、高分辨率、高光谱、超高光谱、细分光谱……成像光谱仪琳琅满目。为什么成像光谱仪如此备受青睐呢？因为，成像光谱仪是将成像技术与光谱技术结合在一台设备上，使用成像技术可以获取全面反映被观测目标位置、形态等空间信息；使用光谱技术可以获取到被观测目标的光谱信息，从中可以辨识目标的物质结构以及生物、物理、化学特性。

光谱仪可以根据探测任务的需求，对目标的反射／辐射信息，按全光谱波段接收成像，或分波段、分光谱单独接收成像，图谱合一是所有成像光谱仪的特点。由于被探测对象不同，探测目的不同，成像光谱仪可以根据需求来划分光谱波段宽度，设计能量接收灵敏度和像元分辨率大小，所以一台成像光谱仪可以有几十到几百个光谱波段，也可以有几米、几十米、几百米的地面像元分辨率。一台纳米量级的高光谱分辨率成像光谱仪，获取的地球表面的图像，含有反映被观测目标光谱特性的信息，远比一台全色相机的图像信息丰富得多。波段多是成像光谱数据最显著的特点，由此，专业上用三维立方体数据图像来表达遥感信息，简称"图像立方体"（图 4-22）。所谓"三维"是指 X、Y 表示空间维，用 λ 表示光谱维。换句话说，根据地面目标区域在一个单光谱段接收辐射能量大小（灰度值）就可以得到一幅在这个波谱段上 X、Y 二维地理空间图像，λ 幅单波段图像叠合在一起就成为一个图像立方体。用户可以随心所欲地使用自己感兴趣的某波谱段图像，也可以使用其中几个波谱段合成的图像，根据汇总、分类、比较、关联和聚类等图像解析需求来取舍即可。

另外，用户还可以根据需求，利用立方体来提取某个目标物的光谱曲线。做法是：以波长为横轴，灰度值为纵轴，把图像上某一个目标像元点在各通道上的灰度值绘在一张图表上，从而形成该目标的一条精细光谱曲线（图 4-23）。如果只提取立方体单一光谱波段的灰度值，就得到该光谱通道（波段）的空间信息图像。把各个波段的图像叠合在一起，就成为一个影像的集合体，就是所谓的图像立方体。很显然，图像立方体还是一个图像，只不过这个图像包含了多个光谱波段信息，从这个图像立方体中，可以得到任一光谱上任何一点的光谱特性。

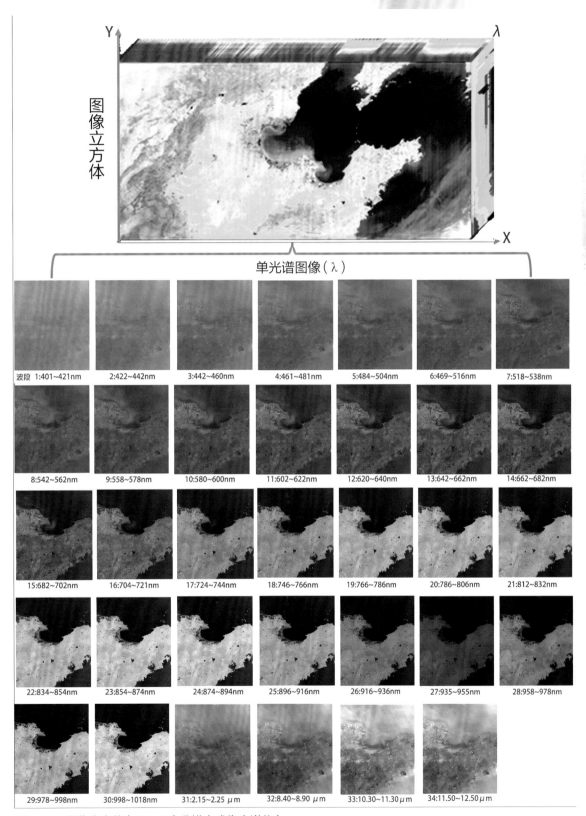

图 4-22 图像立方体（SZ-3 中分辨率成像光谱仪）

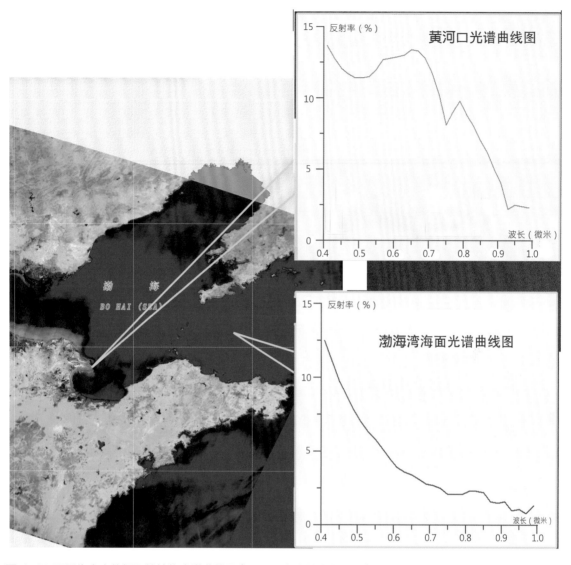

图 4-23 用图像立方体提取的地物光谱曲线图（SZ-3 中分辨率光谱仪）

如何保证遥感信息真实可信

利用中国天宫一号在 2013 年 10 月获取的上海市红外遥感影像，遥感应用图像处理专家发布了一幅上海部分城区地面温度分布图（图 4-24）。图中反映出城市热岛效应在上海非常明显，已经是深秋 10 月，少部分地区温度竟然高达 34℃以上！这样的结果真实可信吗？专家们非常自信地回答：这是准确的！经得起真实性检验。"真实性检验"

在遥感科学领域是专项研究课题，伴随着从遥感器的设计研制到信息获取、图像处理的全过程。譬如，遥感器研制过程中的探测器实验室定标、外场地定标和航空校飞；遥感器发射入轨后的前期测试、地面同步比对测量、定期地在轨内定标等……都是保证遥感信息真实性的技术措施。其中，配合遥感器在轨性能测试的"天 - 空 - 地"同步联动观测大型试验，是遥感信息真实性检验最有效的

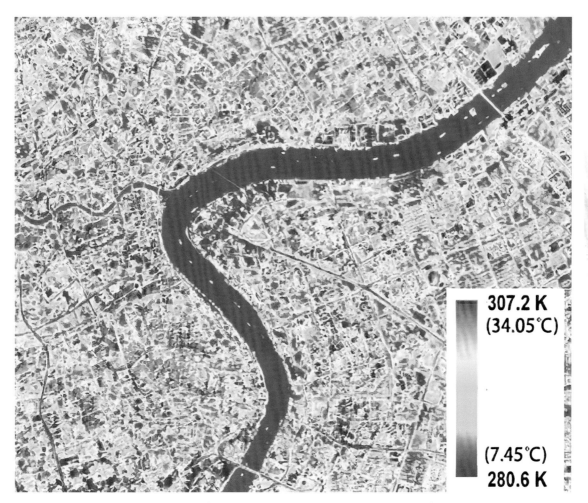

307.2 K
(34.05℃)

(7.45℃)
280.6 K

图 4-24 上海市部分城区地温分布图（天宫一号 2013 年 10 月 11 日 8 时 55 分）

手段之一。我国神舟飞船、天宫实验室、空间站和各类专业应用遥感卫星在安排对地观测任务项目中，都把实施遥感信息真实性检验的同步联动观测试验作为研制计划的必要内容，给予重点安排。

所谓"天 - 空 - 地"同步观测试验就是，配合空间遥感器在轨测试，选择地面同一试验区安排航空（空）遥感器、地面（地）探测器与航天平台（天）遥感器同时多维度、多手段获取同类地物目标的遥感信息（图4-25），然后进行相互比对，相互印证。如果天、空、地测试搜集的数据信息有很强的相似性，比较正确地反映了地物的波谱特性，则说明航天在轨遥感器的性能、指标是可信的，获取的遥感信息是真实可用的，在以后的应用研究中，可以直接利用地表数据对航天遥感数据进行定标校正。

如果航天平台遥感器测试的数据信息和航空遥感、近地遥感等地面多种测量方式得到的同类地物目标波谱信息不同，则表明航天遥感器可能有成像理论或仪器设计缺陷、传输过程或其他相关因素等技术问题。在确认地面实时测试数据最真实可信的前提下，全面分析"天 - 空 - 地"各类测试设备技术

图4-25 多平台、多手段、多角度测量的遥感信息真实性检验示意图

状态和信息传输环境要素，找出对错原因，提出解决问题的方案，修正在轨遥感器运行指标参数或调整数据反演函数及其常数值，使其能够更准确地探测到地面的真实遥感信息，并为数字图像处理提供修正依据。

同步联动观测试验对于研制新型遥感器和开发新的遥感应用特别重要。在遥感设备研制的初期阶段，把初步样机装在飞机上，组织"空-地"同步联动探测（航空校飞）进行原理验证（图4-26），可以为探测器的波段设计、性能指标设计提供依据。在遥感探测器的定标阶段，组织多方式的同步联动观测（场地外定标）可以提高探测器测量精度和检验真实性。在产品发射升空后的在轨测试阶段，组织更大规模的"天-空-地"同步联动测试，不仅仅是探测器应用前的最后指标、性能验证，还为应用图像处理提供信息传输路径的修正参数和模型；大规模、多目

图4-26 某成像光谱仪航空校飞的历史照片

标的、多手段的"天-空-地"同步联动试验还丰富了遥感应用波谱库，为拓展遥感应用领域、培植成熟应用技术提供支持。

神舟三号的中分辨率成像光谱仪、神舟四号的多模态微波遥感器，都是中国航天遥感对地观测的首创之举，在它们的研制过程

中除安排大型"场地外定标""航空校飞"等专项试验外，还配合探测器在轨测试，组织了更大规模的"天 - 空 - 地"同步联动观测试验（图 4-27）在黄海、东海、南海、敦煌、北京等多区域调用海洋测量船、遥感飞机，以及数十个单位部门的多学科专家，投入大量人、财、物资源进行同步测量，开展遥感信息真实性检验研究，每次试验历时数十天，所取得的研究成果对中分辨率成像光谱仪和多模态微波遥感器的任务评价起到了关键支持作用，为中国航天遥感探测与应用的跨越式发展做出了贡献，大大提升了我国遥感应用的研究水平。

遥感应用的宝典

仅凭人的眼睛很难识别普通照片中的花草树木是真是假。但是，遥感应用专家却可以从航天遥感获取的一幅地面影像中，识别出那片草地是塑料的人工草皮；路边的花坛是用假花装点起来的；公园里的石山造型不是岩石堆砌，而是钢筋水泥；那座小山包是通过伪装掩盖起来的地下机库……如此神通来自何处？其实，这门学问并不高深，在本书的第一章中已经介绍过普通照相和遥感探测的原理，无论是普通照相还是遥感探测，接收的都是被观测目标的电磁辐射 / 反射。不同的是，普通照相只利用了人肉眼能够感

图 4-27 神舟四号地面同步联动观测历史照片集锦

知的可见光波段，而遥感探测却利用了人肉眼可见和不可见的光学和微波的更宽范围波段。而且近代光电科学的深入研究已经认知到，不同物类辐射/反射的电磁波的波谱特性不同。或者说，物体所具有的电磁波谱特征代表了它的物理、化学和生物特性。无论地物目标是水体、植被、土壤、大气⋯⋯遥感搜集都是用于感知它电磁能量辐射特性的信息。物体的电磁能量辐射特性简称为"地物波谱特性"（图4-28），它包括地物不同状态下的自身电磁辐射及其对外界入射电磁波的反射、散射等规律。积累、储备各类地物波谱特性知识的地方被称为"遥感应用地物波谱库"，也可以称为地物目标的身份指纹库，这就是科学家们大显"神通"赖以判断事物的宝典。例如，图4-28的反射率曲线说明，如果用若干张不同波段的照片放在一起比较，用0.4～0.5TNR波段的相片可以把雪和其他地物区分开；用0.5～0.7TNR波段相片可以把沙漠和小麦、湿地区分开；用0.7～0.9TNR波段的相片，可以把小麦和湿地区分开。

地物波谱库搜集的内容包括紫外、可见光、近红外、红外、微波及更长波长的地物

电磁波谱特性，其中最主要的是光学波谱特性，因为光学遥感技术起步早，应用发展相对领先。地物波谱库涵盖内容越丰富，应用价值越高，对遥感应用的地物识别判读就越精准。地物波谱库有以下几个方面的特点：

第一，任何物质都有固有的和变化的两类波谱特性。例如，一片水体（海洋、湖泊等）它会有光谱吸收系数、散射系数、散射相函数等固有光学特性；还有归一化离水辐亮度、遥感反射比、漫衰减系数等一类随入射光场、观测几何角度和其他边界条件变化而变化的表观光学特性。

第二，反映地物自身物理、化学和生物特征要素的波谱特性，因地物分布的复杂性而存在变数。例如，一般海水波谱特性是：固有反射率较低，通常小于10%，远低于大多数的其他地物；大多数时候看到的海水是湛蓝色，表明海水在蓝绿波段（0.43~0.56TNR）有较强反射，对其他可见光波段则吸收强、反射弱；纯净水在蓝光波段（0.43~0.47TNR）反射率最高，随波长增加反射率降低；在近红外波段（0.62~0.7TNR），水的反射率基本为零。但是，如果水中含有叶绿素时，反射率峰值就会移到绿光谱段（0.5~0.56TNR），而且叶绿素含量越高峰值越高（图4-29），利用这一波谱特征可监测和估算水体中水藻浓度。如果水体中含有泥沙，它的反射率将大大增高，峰值会出现在黄至红波段（0.56~0.76TNR），由此可以判读水体泥沙含量。

第三，自然界绝大多数物质和现象的波谱特征都会随时间、地理位置和环境参数变化而变化（图4-30）。岩石，一般印象中，它的波谱特征应当是比较固定的，其实恰恰相反，岩石的反射率曲线并无统一特征，岩石所含矿物成分、矿物含量、风化程度、含水状况、颗粒大小、表面光滑度等很多外部

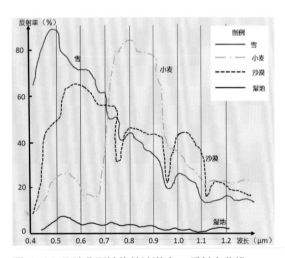

图4-28 几种典型地物的波谱库－反射率曲线

因素，都会影响它的反射波谱和吸收波谱特性。例如，岩石含有浅色矿物时，反射率高，含有深色矿物时，反射率低；如果岩石被一定厚度的土壤、植被覆盖，光学波谱特性就可能被掩盖。而在自然状态下的土壤表面反射率没有明显的峰值和谷值，土质越细反射率越高，土壤中有机质和含水量越高反射率越低，土类与肥力对土壤反射率也有影响；森林草地等一类地物，一年四季变化，它的生长期不同，其辐射、反射、吸收波谱特性迥然不同。

基于遥感应用的需求要不断地收集、积累、实践和更新，建设先进的地物波谱库是一个国家遥感应用水平的标志之一。但是，想面对所有遥感应用领域建设一个全面的波谱库，几乎是做不到的。而现实、适用的做法是，根据应用部门自身需求，分领域、分学科、分专业，建设相对完善、对口的地物波谱库，如"海洋遥感应用波谱库""大气遥感应用波谱库""陆地遥感地物波谱库"等。也有针对特定目标建立的系列波谱库，如"建筑物波谱库""飞机波谱库""水藻波谱库"等。随着遥感信息搜集与应用处理技术的发展，在新的测量规范下，集合遥感工程任务实施，通过各类真实性检验验证试验，实地考察广泛搜集波谱数据，建立模拟仿真平台，深入理论研究，是不断补充、扩展和更新相关专业地物波谱库的主要途径。当然，国际合作、学术交流，也是丰富地物波谱库的途径之一。各部门、各领域的波谱库资源应该共享，以提升国家遥感应用技术的水平，为推进我国现代化建设进程做出贡献。

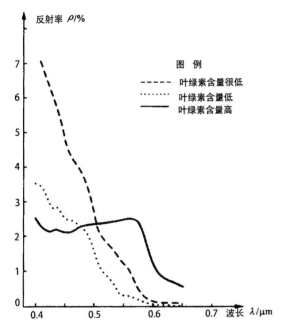

图 4-29 不同叶绿素含量的海水波谱曲线

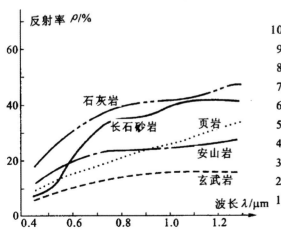

图 4-30 几种典型地物的反射光谱曲线

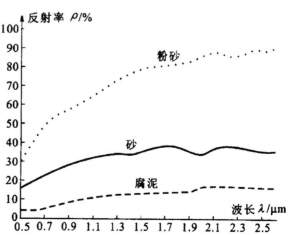

神机妙算的遥感"军师"

从 20 世纪 60 年代人类开拓航天事业以来，经历短短半个多世纪，遥感成为引领高科技发展的前沿新兴学科，它所产生的效益，在国民经济建设、国防建设，乃至广大民众日常生活的衣、食、住、行中随处可见。遥感如此斐然的高速发展成就，应归功于 20 世纪的三大科技进步：一是人类突破地球引力开拓了航天事业，各类空间飞行器为遥感对地探测搭建了一个"站得高，看得远"的平台；二是高速发展的电子技术，特别是半导体集成器件和光电敏感器件，为研制先进的遥感探测器奠定了基础；三是计算机技术，高性能的计算机不仅提供了图像校正、变换、镶嵌、分类、提取和调试分析等遥感应用图像信息处理的先进工具，而且还为遥感科学的预先研究提供了模拟仿真等成熟技术手段。

所谓"模拟仿真"就是利用先进计算机技术，按对地观测遥感理论模型，建立一套数字演算系统（图 4-31）。航天平台和探测器的技术指标参数、被探测地物目标的波谱特性参数，以及天地传输的大气环境参数等分别作为虚拟的空间遥感器、地物目标、空间电磁传输环境条件向系统输入；系统模

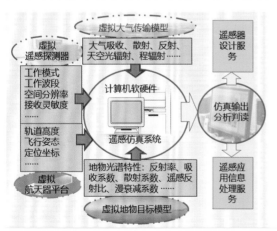

图 4-31 遥感模拟仿真示意图

拟遥感器在轨运行的真实工作状态，输出地物目标遥感数字信息。通过对系统输出信息的判读研究，可以发现遥感器是否在按照设计意图执行任务，预测上天后的遥感图像质量和资料利用情况是否正确。如果通过仿真系统的模拟计算，发现它不尽如人意，就可以改进或优化飞行器平台和遥感器的功能特性、指标参数或者运行控制模式等，以期达到最佳的遥感探测效果。

仿真技术是在 20 世纪 40 年代，伴随着计算机技术的发展而逐步形成的一类试验研究方法，在先进遥感仪器设备研制开发中，不仅可以采用完全由计算机硬件、软件组成的虚拟（模拟）仿真系统，为遥感器设计提供参数、指标、工作波段、工作模式等的选择依据，也可以用模拟太阳入射光的光平行光管（图 4-32）、模拟地物辐射特性的靶标等专用设备与计算机组成半物理仿真系统来验证、测试、标定遥感器产品性能、指标。

成熟的模拟仿真技术为现代遥感科学提供了"按应用做设计"的发展路径。所谓"按应用做设计"是指遥感应用专家和工程师们，结合理论研究，利用仿真技术预先推演"想看什么？能看什么？如何看？"，从而做到精准设计，保证研制生产出来的遥感器，上天后能够看得清、看得准！因此，模拟仿真研究被称为遥感技术中神机妙算的"军师"。

图 4-32 用于航天光学遥感器测试的大型平行光管实物照片

第 5 章
航天遥感用处多

欲穷千里目——航天遥感

"白日依山尽，黄河入海流。欲穷千里目，更上一层楼。"这首诗之所以妇孺皆知传颂千年不衰，是因为作者只用了 20 个字，就给读者描绘了大自然的雄姿奇景（图 5-1），而且还精确地阐述了"站得高，才能看得远"的科学认知。"欲穷千里目"是千百万年来伴随地球文明发展的人类梦想：看天、看地、看江河，极目远眺，扩大视界、扩大认知，用眼睛的视界认知赖以生存的环境。

从"千里眼"的传说到"更上一层楼"，到 19 世纪照相机在欧洲首先发明，到 20 世纪初飞机使人的双脚离开地面、50 年代航天技术突破地球引力、人造卫星上天、航天遥感科学异军突起，人类的视野不断地"更上一层楼"：民用飞机飞行在 9~12 千米高空，能够看到一座完整的城市全貌；军用飞机最

图 5-1 四大古代名楼之一的鹳雀楼

高可达 30 千米，可以看到遥远天边，蜿蜒曲折的山川河流、广袤的森林沃野；对地遥感观测的应用卫星绝大部分都在 300~36000 千米高度的空间范围运行，让人类能够一眼观世界，看到整个地球。例如，两类专业气象卫星（图 5-2）：一是极轨卫星，在离地面 600~800 千米的高度上，轨道通过地球南、北极，绕地球一圈大约是 100 分钟，24 小时完成 2 次全球扫描，选择合适的高度和倾角，卫星将在相同时间和太阳出现在同一个地方，与太阳同步，故又称为太阳同步气象卫星，我国的风云一、三系列就属于此类卫星；二是静止气象卫星，又称为地球同步轨

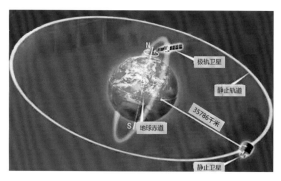

图 5-2 两类气象卫星轨道示意图

道气象卫星，轨道高度约 35800 千米，其轨道平面与地球的赤道平面重合，从地球上看卫星静止在赤道某个经度的上空，与地球保持同步运行，它的观测范围覆盖从南纬 50°到北纬 50° 的 100 个纬度，跨距约地球 1/3 表面，5 颗卫星就可组成覆盖全球中、低纬度地区的观测网，我国风云二、四系列属于此类卫星。

当今天人类有能力在太空回眸我们世代繁衍生息的蓝色星球时，在感慨中可能会联想到中世纪欧洲兴起的那场关于"日心说"和"地心说"的大辩论，如果航天遥感技术早在那个时代出现，争论还会发生吗？布鲁诺还会被教会烧死吗？地球是圆的还需要麦

哲伦航海来证明吗？坐上飞船到 36000 千米以外的高空鸟瞰地球，岂不全明白了？！当然，上面这个遐想是根本不成立的，因为科学与文明进步的发展过程是渐进的，没有中世纪欧洲文艺复兴时代的大辩论，就不可能有现代科学的诞生，就更谈不上此后 400 年的科技进步；没有前人的科学积累就不会出现 20 世纪的科技大飞跃，就不会有航天技术、遥感技术，人类还会停留在"欲穷千里目"的期盼中。

遥看地球千姿百态 —— 对地观测

航天技术提供了"站得高"的条件，遥感技术"看得远"的特点才能充分发挥出来。航天与遥感的组合搭档成为当今世界的高科技明星，它为人类了解自然、掌握自然提供了有效手段。各类遥感应用遍及军民各个领域，涉及地球大气、陆地、海洋、人文社会、自然生态等各个层圈（图 5-3）。例如，对于气象预报、自然生态环境和大气环境监测、地理测绘及土地规划利用、自然资源探测与开发、农业估产及森林防火、海洋环境监测与研究、农业城乡建设发展调查与规划、地矿调查与考古勘察，包括地震、火

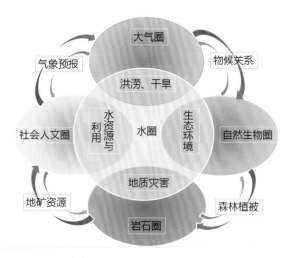

图 5-3 遥感应用范畴示意图

山、海啸、洪涝干旱、森林火灾等各种自然灾害的监测、灾情评估、灾后重建规划等，遥感应用技术都发挥着不可替代的作用。

2019 年统计数据显示，全世界有近 1600 颗卫星正在围绕地球飞行，这些卫星中，用于对地观测的军用侦察卫星和民用气象卫星、海洋卫星、地球资源卫星等随时随地监测着地球大气、陆地、海洋各个层圈的自然现象和物质形态，以及发生在各层圈之间的相互作用和人类社会活动事件。

军事卫星将世界各个国家的地形地貌、军事布防、国防设施，乃至军工厂矿企业、指挥机构、军民重要建筑设施都窥视得一览无余。

众多的地球资源陆地卫星，肩负着不同使命，帮助人类首次实现地球陆地面积的全方位、无遗漏的普查、详查，包括山川河流、农田、城乡建筑分布，交通路网、桥梁堤坝，乃至人迹罕至的冰川雪原，沙漠荒原等，特别是当发生地震、泥石流、洪涝干旱、森林火灾等自然灾害时，卫星遥感能够及时了解灾情，统计损失情况，准确定位灾区范围，其提供的资料是制定救灾措施以及灾后重建规划的可靠依据。

气象卫星实时搜集着从地面到一二百千米高度的地球大气层活动状态：云卷云舒、雷电风雪尽收眼底，一幅数千千米、覆盖整个中国的云图一目了然（图 5-4）。气象卫星提供的丰富探测资料，不仅仅是大气科学研究需要，也为气象预报提供了可靠依据。哪里下雨？哪里吹风？哪里有雷暴？空气质量如何？有没有重大灾害事件？现在气象预报准确率能达到 90% 以上，遥感应用的贡献功不可没。准确的气象预报带来的社会效益，

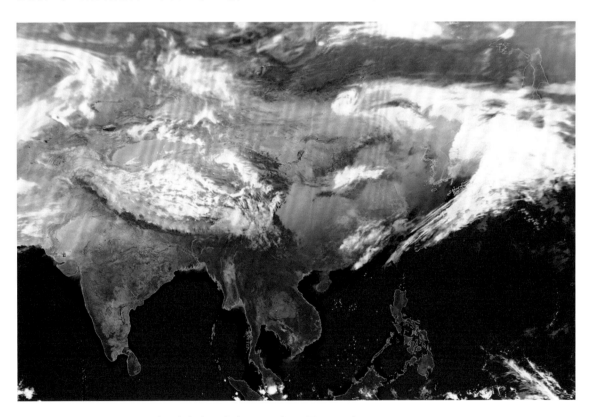

图 5-4 风云 2 号卫星云图（国家气象局发布 2019 年 2 月 19 日）

民众的幸福指数提升是每一个人都能切身体会到的。

海洋卫星能够一眼看到整个大洋。占地球表面积71%以上的海洋是人类尚未充分开发的领地，海洋遥感探测，既促进了海洋科学研究、海洋资源开发利用，又服务于全球气象耦合、水循环、环境生态变化等研究。海上风浪、潮汐、洋流，海水成分、蒸腾，环境污染和海洋生态，以及游弋在浩瀚海面的大型船只、舰队，乃至渔民的捕捞作业等都在遥感监视之列；灾害性的台风从生成、发展、运动、登陆成灾，直至最后消亡都被遥感卫星全程跟踪。

在地球文明进入宇航时代的今天，遥感不仅仅应用在对地观测，也被当作开路先锋应用在行星探测上。例如，在任何一个网站上都能下载到世界各国月球探测、火星探测，乃至行星际探测的生动图片。中国探月工程中嫦娥二号配置了CCD立体相机，获取了7米分辨率的全月图共746幅（图5-5），另外它还配置了激光高度计、γ射线谱仪、X射线谱仪、微波探测仪等多台遥感器。嫦娥三、四号的玉兔一、二号月球车安装有"全景相机""测月雷达""红外成像光谱仪"等光学遥感器；嫦娥三、四号着陆器安装了"降落相机""地形地貌相机"；嫦娥三号还安装有"月基光学望远镜"和"极紫外相机"。这些遥感器各司其职，有的为保障探测器安全着陆或监测探测器的工作状态，有的进行科学数据图像信息采集，为科学家研究提供了第一手资料。特别是嫦娥四号的玉兔二号巡视器里的红外成像光谱获得的数据证明了月球背面南极艾特肯盆地（SPA）存在以橄榄石和低钙辉石为主的深部物质，为解答长期困扰国内外学者的有关月幔物质组成的问题提供了直接依据，为完善月球形成与演化模型提供了支撑。

图5-5 嫦娥二号月球探测器获得的月面影像图
（7米分辨率，2012年2月6日，国防科工局发布）

随着时代进步，遥感技术还在不断地向更宽、更广的领域渗透，随时都会有新的应用方向出现。本书由于篇幅所限，我们只能举部分应用范例和大家分享。

"借东风"的实质——气象预报

《三国演义》中有一个脍炙人口的"借东风"火烧赤壁的经典桥段。故事中的诸葛亮被描述成能够"呼风唤雨"的异人，是他施展法术借来东风，才解周瑜心中之忧，实现"火烧赤壁，大败曹军"的伟大胜利（图5-6）。其实，"借东风"是关于气象因素影响社会活动的典型事例，给人们传递了一项科学常识：气象预报的重大意义。用现代科学来解释"借东风"，应当是诸葛亮比别人多懂一些天文气象知识和生活经验，做了一次

图 5-6 赤壁之战 "借东风" 孔明祭坛形意画

成功的气象预报。

古今中外类似于赤壁之战的例子比比皆是：公元 13 世纪，元朝皇帝忽必烈两次东征日本，第一次出动战舰 900 艘，第二次出动战舰 4400 艘，皆因遭遇台风袭击全军覆没，使得日本免遭灭国之灾；公元 1588 年，英格兰海军凭借风向的变化，一举击溃西班牙的无敌舰队，奠定了英国的海上霸主地位；第二次世界大战中，1941~1942 年著名的莫斯科保卫战，由于当年莫斯科出现德国人始料未及的 −30 ~ −20℃ 的严寒（图 5-7），让德军首次遭遇惨败，从此德军走向失败；1942 年 11 月在伏尔加格勒同样出现史无前例的寒冬，北风呼啸，天寒地冻，大雪飘飘，德军再次陷入饥寒交迫的窘地，由于辎重被困、供给不济、水土不服、50 万德军淹没在苏联人民战争的汪洋大海之中，很快土崩瓦解……

以上诸多实例说明 "气象预报" 在人类社会发展进程中至关重要。早在公元前 13~11 世纪，远古人类就有了占卜风、云、雨、雪的原始天气预报行为，无论是在东方文明还是西方文明发展中，神学长期处于主

图 5-7 莫斯科保卫战中德军被酷寒所困的历史照片

导地位，因此天气变化被视为神的旨意。19世纪中期，在近代科学发源地欧洲，大气科学理论研究起步，1855 年首先在法国组建了第一个天气观测系统，搜集各类气象要素的观测资料，然后结合理论分析，进行天气预报服务。其后 100 年间天气预报逐渐进入各类社会活动中，成为民众普遍关心的生活话题。

成功的天气预报，来源于对大气科学的理论认知，以及现实与历史观测资料的积累和科学的分析推断。长期以来人类对地球大气运动难以做到精确观测，因此不可能对大气的未来状态做出准确的预报。直到 20 世纪的 70 年代，气象预报准确率也仅为 50%，提前 7 天的预报准确率国际上也不到40%。

地球上天气变化的主要原因是地球大气层的活动。冷、热、干、湿、风、云、雨、雪、霜、雾、雷、电……这些都是人们熟知的天气现象，对工、农业生产和人们的日常生活具有重大影响。自从 19 世纪中期在欧洲兴起现代天气预报后，因为对风云变化实测和气象发展趋势分析的需要，各种气象要素的探测仪器和气球探空的实时观测手段相继发展起来。到 20 世纪六七十年代，航天遥感技术首先应用到气象预报中。

站在大气层外看地球，"昊天风云一览收"，能够方便地实现：完整的云图拍摄；云顶温度、云顶状况、云量和云内凝结物相位的观测；与气象有关的陆地冰雪和风沙、海洋表面温度、海冰和洋流等观测；大气中水汽总量、湿度分布、降水区和降水量分布探测；大气中臭氧含量及其分布探测；大气气溶胶等污染探测（图 5-8）；太阳入射辐

图 5-8 来自中国风云四号卫星的孟加拉湾北部灰霾监测图（国家气象局发布：多通道辐射计）

射、地面和大气系统的红外辐射、对太阳辐射的反射等影响地面气候变化的地球环境要素探测；还可以进行相关空间环境状况（如太阳发射的质子、α粒了和电子）的监测。这些观测内容有助于监测天气系统的移动和演变；为研究气候变迁提供了人量的基础资料，直接服务于天气气象预报和空间环境预报。例如，使用可见光遥感相机和红外遥感相机或多通道扫描辐射计、光谱仪等，可以保证白天、黑夜都能实时获取全球云图变化；利用极轨气象卫星的高分辨率可以获取全球均匀分布的大气温度、湿度、大气成分（如臭氧、气溶胶、甲烷等）的三维结构信息，为全球数字天气预报和气候预测模式提供初始信息；利用静止气象卫星轨道高的优势，能够快速获取提供温度、湿度、辐射值等大气要素的空间维加时间维的四维变化信息，从而提高区域性中小尺度天气预报、台风和暴雨等重大灾害性天气预报的准确率。

中国的风云四号同步卫星，每5分钟获取一幅大气云图，数百到数千米尺度的完整大气云图及其运动规律尽在"慧眼"之中，可以准确测量到大气温度、气压、湿度、风向、风速、云量、降水量、能见度等气象要素。现代计算能力和信息、通信传输等技术不断进步，大气科学与预报理论水平持续提高，预报准确率逐年提升（图5-9）。所以，现在全球和区域气象数值预报水平一般都能达到90%的准确率。"未卜先知"让人类真正实现了从必然王国到自由王国的跨越。

精准锁住苍龙 —— 台风影像

通常人们认为台风是造成重大自然灾害的罪魁祸首，"何时缚住苍龙"掌握台风发生与运动规律一直是气象学家的研究课题。台风是夏秋季经常出现的气候现象，它是产生于热带或副热带广阔海面上的热带气旋。在

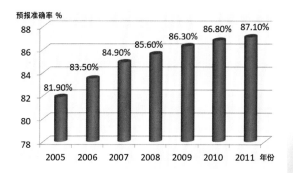

图 5-9 21 世纪初中国晴雨预报准确率统计图

地球南、北纬度5°~20°的热带、副热带海面，当温度较高时，大量的海水被蒸发到空中，形成一个低气压中心，随着气压的变化和地球自转运动，流入的空气形成旋转的旋涡，被称为热带气旋，在持续高温条件下气旋就会越来越强大，最后形成台风。发生在不同海域的台风，各个国家的称呼不同：北半球的热带气旋按逆时针旋转，在太平洋国际日期变更线以西、中国南海和东海等海域的热带气旋，因为大多数都要经过台湾海峡北上，影响东亚各国，所以被称为台风；在大西洋或太平洋东部的热带气旋，主要影响美国和中美洲等地区，则被称为飓风；发生在南半球的热带气旋，按顺时针旋转，被称为旋风。

从卫星云图上看到的台风，非常像小孩玩的风车（图5-10）。它的外围半径达200~300千米，从外向内风速急剧增大，最小每秒10米以上，最大可达每秒钟50~60米，强大风力旋转着向地球温带地区推进；其旋涡中心有一个直径10~60千米的圆心区域，被称为台风眼，那里风速迅速减小，甚至是静风；在台风眼外围（预报称为近中心风力）100~200千米区域，裹挟强风暴雨所向披靡，摧枯拉朽；在800千米的大风圈，风力达到8级以上，可以产生巨大破坏力。

因此，人们对台风的认识就是可怕的自然灾害，台风过境带来狂风暴雨天气，降雨

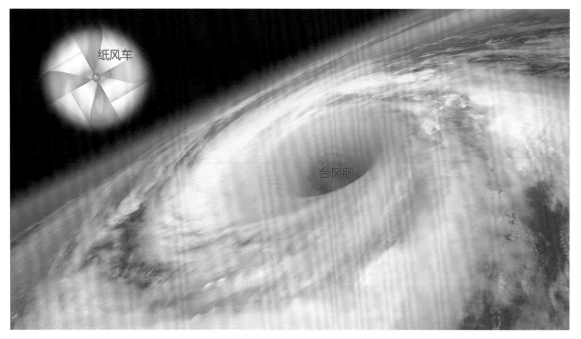

图 5-10 台风云图

量可达 150～300mm，甚至 1000mm 以上。在海上能掀起巨浪，严重威胁航海安全；登陆后带来的暴风雨可能摧毁庄稼、各种建筑设施等，造成人民生命、财产的巨大损失（图 5-11）。

但是，气象学家们通过长期的观察研究发现，台风虽然会给人类带来灾害，但也会给人类一些"恩惠"：第一，充足的降雨给

图 5-11 广东汕尾台风"山竹"来袭的街景

地球陆地区域带来了丰沛的淡水；第二，在靠近赤道的热带、亚热带地区日照时间长，干热难忍，如果没有台风来驱散这些地区的热量，将会更加酷热，干旱少雨、终年炎热的结果是大片地表荒芜沙化；第三，没有台风的调节，地球寒带将会更冷，温带将会消失，我国版图上就不会有四季常青的广州，四季如春的昆明，也不会有水丰草茂的内蒙古大草原；第四，从全球气候上看，台风这一巨大能量的流动，让地球保持了热平衡，给人类提供了安居乐业，生生不息的地球自然环境。

既然台风是一种不可抗拒的自然灾害，又是驱动地球大气热平衡的关键因素，那么观察研究台风的生成与发展过程，预测它的运动轨迹，事先做出台风预警，让台风过境区域能够做好防灾、抢险准备，保障生命财产安全，最大限度地降低损失，成为气象学研究和预报的重大任务之一。

航天遥感是唯一能够获取台风形成、发展与消亡全过程（图 5-12）影像的手段。可见光红外光学遥感器能够获取大区域范围的云图变化过程；微波遥感器具有穿透云层的能力，不受白天和黑夜限制，利用微波遥感器获取台风信息，能够绘制出热带气旋的微波分析立体动画图像，配合高时间分辨率的静止卫星云图，可对热带气旋中心位置、移向、移速（每小时 5~20 千米）、风速（每小时 100~200 千米）、强对流区和强降水分布等进行全程监测和分析，为台风路径、强度

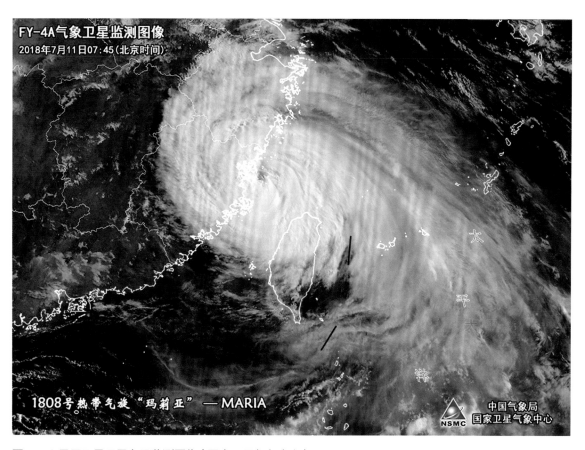

图 5-12 风云四号卫星台风监测图像（国家卫星气象中心）

以及降水预报提供资料。如果同时使用微波辐射计、测雨雷达和可见光、红外遥感图像监测，可以获得台风的整体结构，其中微波能明确显示出台风眼的位置及其周围降水的分布特征；红外图像反映大范围的云体热分布；测雨雷达可以看到台风不同位置、不同高度的降水强度及分布特征，这些对于准确认识降水过程有很大的帮助。

高处不胜寒 —— 大气探测

大气温度、湿度是主要气象要素。气温是表示大气冷热程度，驱动大气分子运动的平均动能，每天气象预报的"最低气温"和"最高气温"都是指在气象观测站，距离地面1.25～2.00米高度的百叶箱内可测量温度。实际上，人感觉的冷热温度是大气温度和大气湿度相互作用的结果，所以同样的30℃室外温度，人在重庆和北京感觉不一样，重庆湿度大，感觉闷热，北京湿度小，感觉没有那么热。所以对生活和生产影响最直接的是大气温度和湿度。但是，气象学家更关心的是全球三维大气温度分布，即温度在区域和空间高度的分布，这是研究气候变化和天气预报非常重要的参数之一。

宋代大文豪苏东坡一句"高处不胜寒"传唱千年，但是现代科学家却告诉你"高处不一定寒"。理论上的大气层平均温度曲线从地面开始，自下而上趋于一个横"W"形（图5-13）的变化规律。在临近地面的下层大气温度随高度增加而降低，每上升1000米，气温下降约6℃，到对流层顶和平流层下部基本维持在-55℃左右；在平流层由于是臭氧密集分布区，大气温度随高度增高而递增，到平流层顶反而回升至-3℃甚至0℃左右；进入中间层后，高度增加臭氧浓度急剧减少，大气温度开始下降，在中间层顶部会降至-92.5℃的低温；到热层高度上，大

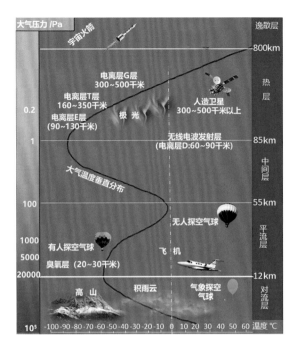

图 5-13 地球大气层结构示意图

气分子稀少到接近零，温度完全取决于太阳辐射，对地面气象已经不再有多大影响意义了，那里却是"高处不胜热"。

在临近地面1千米左右以下的低层空间，常会出现一类打破规律的温度变化。例如，在晴朗无风夜晚，因地面辐射冷却速度比空间快，导致上层空间温度比地面还高的逆温现象。低层大气平流、湍流、下沉、锋面等运动过程，以及高山峡谷、江河湖海等地理环境都会发生逆温现象。

逆温现象带来的最大天气影响是阻碍对流层大气正常对流（图5-14）运动，地面风力微弱，空气中聚积的悬浮颗粒物质和水汽无法扩散，地面空气质量变得很差，湿度增大，人们会感到气闷，是雾霾天气的祸根。

大气湿度是指空气中水汽含量或潮湿程度，是带动地球水循环的主角，是"成云致雨"的基础，在时间和空间尺度上都极富变化的大气水汽，在天气预报和气候研究中都具有重要意义。由于在贴近地面10~20千米

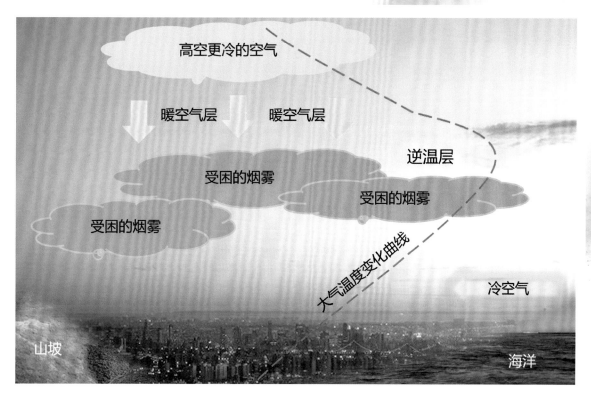

图 5-14 逆温层影响示意图

空间，集中了地球大气约 75% 的质量和 90% 以上的水蒸气。所以大气中水汽含量、云层内的水汽密度（绝对湿度）或大气中的水汽分压等大气湿度变化参数监测主要是在对流层及平流层底部进行。

为了给气象预报分析提供实测资料，全世界气象台站每天都在地面施放探空气球，搜集大气温度、湿度和气压的三维监测数据。但海洋、荒漠、高山、雪原等人迹罕至地方的实测数据却无法搜集，因此缺乏完整、系统的全球观测资料，对大气系统状态分析预测会有不确定性。航天遥感技术弥补了地面探测的不足，因为只要航天器能够覆盖的地球区域，就能够获取到该区域的大气温度和湿度实测数据。

遥感探测大气温度和湿度的原理，同样是基于对物质的电磁辐射探测。大气中稳定分布的气体物质，如氧气（O_2）、二氧化碳（CO_2）和水汽等在不同的光波和微波波段都有吸收带，它吸收这些波段上的自然入射，同时又根据自身的温、湿度状态发出不同强度的自辐射。所以优选相应的遥感谱段，接收来自各高度层上的辐射强度，就可以反演出各层面的大气温度或湿度（图 5-15）。例如，0.93~0.98TNR 近红外短波谱段，可以检测大气底层水汽；1.55~1.64TNR 和 2.10~2.35TNR 近红外，11.5~12.5TNR 和 13.35~14.95TNR 远红外都可以探测反演土壤湿度；10.3~11.3TNR 和 11.5~12.5TNR 热红外波段，可以探测反演地表温度、海面温度、云顶温度；4.1~4.8TNR 或 5.8~7.3TNR 中红外波段，分别用于大气温度廓线和大气湿度廓线探测；微波雷达 1.215~1.26GHz 波段可以探测土壤湿度，13.25~13.75GHz 波段可以探测降水；微波辐射计在 1.35~1.45GHz、2.6~2.7GHz、

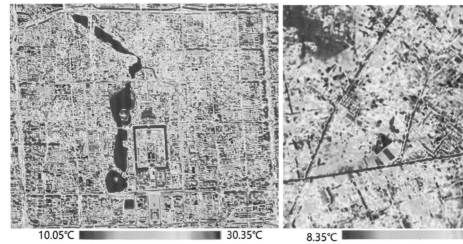
北京中心城区热岛效应气温分布图 (2012XX)

10.05℃   30.35℃

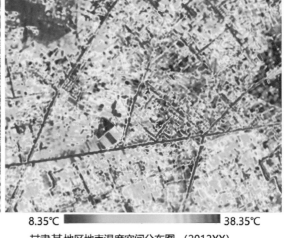
甘肃某地区地表温度空间分布图 (2012XX)

8.35℃   38.35℃

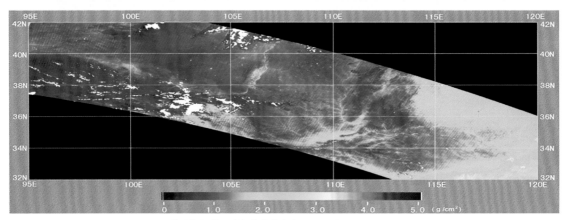
中国东部地区大气水汽分布图 (2002年4月)

图 5-15 航天遥感获取信息反演大气温度和湿度示例

0.6~10.7GHz、21.2~31.5GHz、36.5GHz 等许多波段上都能够探测水汽、表面湿度、降雨、雪等大气要素。激光雷达 0.355TNR 蓝色激光和 0.94TNR 红色激光则分别用于大气温度廓线和大气湿度廓线探测。

早在 20 世纪末 21 世纪初，中国科学家就开始在神舟飞船上利用中分辨率成像光谱仪设置多个温度和水汽吸收谱段，成功进行了大气温度和湿度探测实验与反演理论研究，为发展我国第二代大气遥感技术提供了理论与实践依据。中国第二代极轨气象卫星风云三号使用"红外分光计"和"微波温度探测辐射计"探测大气垂直温度分布；风云四号同步气象卫星则使用最先进的"干涉式大气垂直探测仪"（图 5-16）实现 1500 个以上细分光谱的全球三维大气垂直分布的探测，它像医学诊断用的"CT"一样，把大气层在垂直方向上"切片"分层，获得每一层的温度、湿度等大气要素，这些表明我国在大气遥感探测领域位居世界先进行列。

地图的古往今来 —— 大地测绘

地图是人类认识自然、改造自然、从事各种活动的有力工具。在人类 700 万年文明

图 5-16 风云四号干涉式大气垂直探测仪实物照片

发展历史长河中，当语言和音乐还没有出现时，原始人类就懂得用绘画方式来向同类传递对自然环境空间的认知。所以古人类学家认为，图形、语言、音乐的产生，是人类文明进步的三大标志。

地图在人们生活中有多重要？举个例子：某人要去探视姥姥，可不知道路，于是妈妈告诉他"从我们家出门往北，大约 1 千米有条小河，过小桥再走 1 千米，转向西 1 千米的小山脚下一座小楼，楼前有个小水塘，那就是你姥姥家。"这位母亲给儿子描述了一幅准确的交通地图，儿子轻松地到了姥姥家。这说明：地图是直接描述和分析地球表面空间事物的工具。所以，在交通运输、农田水利、市政建设管理、疆土区域划分以及行军打仗等各个领域都离不开地图给出的环境空间信息。

地图虽然是人类几千年来应用最普遍的传递环境空间信息的工具。但如何准确绘制出地球表面具有完整三维（经度、纬度和高程）信息的地图却是一件难事儿。在欧洲工业革命时代之前的很长时期，所谓地图就是人们通过生活实践、战争军事行动、商贸、航海、探险等活动，用绘画方式记录下来的某个地方的方位、距离和主观印象的环境空间知识描述。明朝三宝太监下西洋，于 1425~1430 年间编制的《郑和航海图》是最典型的例子，图幅约 6.7 米 × 0.3 米，记录了从南京上船，顺长江出海，包括中国东南沿海、南海、东南亚、印度洋，到非洲海岸等 30 多个国家和地区，是今天确凿可考，证明我国南海主权的有力证据。

在 21 世纪初，中国收藏家从外国收藏馆里发现了一幅明代中期的《蒙古山水图》（图 5-17），长 30.12 米、宽 0.59 米，描述的是从甘肃酒泉到沙特阿拉伯麦加沿途 211 处跨越亚、欧、非三大洲十多个国家和地区的细微地理信息，反映了明代丝绸之路的盛况。

图 5-17 蒙古山水图（局部）

从 17 世纪开始，资本主义社会快速发展，在航海、贸易、军事及工程建设等方面需要有精确、详细的大比例尺地图。随着科学技术进步，比如有了经纬仪等许多较高精度的测绘仪器设备的发明，人工测量、专业绘制地图逐渐兴起，到 18 世纪进行全国性地形测量在很多国家盛行起来，促成了现代地图的诞生。

最早具有经、纬坐标系的现代地图，应是 1895 年由英国人出版的《泰晤士世界地图集》。其后 100 多年，为掌握地形、地貌的动态变化，测量技术不断改进，测距雷达、航空摄影等先后应用于大地测绘，为实时更新地图提供资料。精准的，有经度、纬度和高程的三维地理信息，不单纯是制作普通地图，同时它是维护国家领土主权、政府外交事务、国土资源开发利用、海洋权益捍卫、国民经济发展规划、交通运输、国防军事等军、民共需的大数据，经常性的地理测绘成为一项国家重点工程。

在所有地理测绘技术中，没有任何一项技术能够像航天遥感那样快速、实时获取大区域范围三维地理信息（图5-18）。因为，任何人工测量都无法做到覆盖全球的观测，地球表面71%以上的辽阔海洋，以及孤岛暗礁、高山峡谷、大漠戈壁、冰雪荒原等诸多人迹罕至的地方，只有航天遥感技术才能够做到及时观测；由于自然演变和突发性灾害，以及人类社会活动引起的地形变化，如泥沙冲积河口地形改变，海岸线变化，江河湖泊的改道、萎缩与扩张，地质灾害引起的泥石流、堰塞湖、山体滑坡，以及全球现代化进程发展导致的道路、城镇变化等，如果不能够实时更新地图，会直接影响到交通运输、政府管理和救灾抢险等活动，进而造成更大的损失。

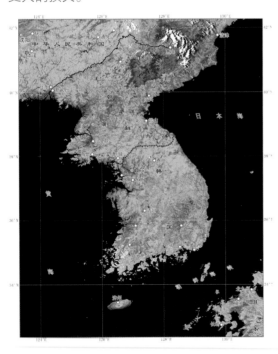

图 5-18 航天遥感获取的朝鲜半岛全景地图

20世纪后期，传输型可见光成像遥感器替代了传统胶片型相机，测地卫星实现了接近90%以上的全球覆盖率，那些从未有人涉足的地方，哪怕是蛮荒诡异之地都逃不过航天遥感器的"眼睛"，大地测绘技术成为航天遥感的主要应用领域之一。地图使用效率普及民众个人，网上地图都能够达到1~2米的像元分辨率。特别是先进的微波遥感器——合成孔径雷达技术，带给大地地理测绘又一次创新。例如，在2000年2月，美国奋进号航天飞机搭载一台合成孔径雷达，在9天时间内获取了全球75%陆地面积影像（图5-19），这是人类第一次直接看到一个完整地球的真实三维图像，是现代遥感技术最具标志性的成果，也是地图科学的革命性跨越。

遥感出来的土地—— 地质普查

只占地球表面积不到30%的陆地是地球人类的家园。从自然地理学观点上讲，陆地就是维持人文社会圈和自然生物圈的土地，是土壤岩石地质层圈，是地质、地貌、气候、土壤、植被、水文等诸多自然要素组成的自然综合体。草原、耕地、沙漠戈壁、冰川雪原、高山河谷等都是不同类型的土地形态。土地是一种被人类利用的，不可再生的资源，对于人文社会发展的意义不言而喻。

陆地遥感的大部分应用目标，包括地理测绘、植被分类、沿海资源、水资源、地理测绘、土地利用、地质矿产等都是对土地要素状态，在人文、生物、气候等因素综合作用下的变化进行监测与研究。

为什么土地会变化？原因可归结为两方面：一是气候变化、干旱、洪涝、地震等自然灾害因素；二是区域经济发展、农作物布局、建设用地等人文社会因素。因此，实时查明土地资源的数量变化及利用情况，探讨土地资源合理开发和综合利用途径，在每一

图 5-19 美国国家航空航天局发布的洛杉矶三维地图（陆地卫星数据和奋进号航天飞机 SAR 雷达数据合成）

个主权国家中，都是各级管理决策不可缺少的基本信息。

因为，土地会随时间变化，所以隔段时间进行一次土地调查是科技治国、科技兴国的大事。可是，土地调查是一项烦琐复杂的系统工程。如果没有先进遥感技术支持，依靠人工勘察与统计，耗时费力，成本高，效率低，时效性差，无法做到国土面积全覆盖；利用遥感技术手段则可以大大提高效率，做到快速、实时和无遗漏、全覆盖、无重复的精确分类统计。下面是我国两次土地调查的情况比较：

我国 1984~1996 年的第 1 次土地调查，除使用少部分航拍图片外，基本是依靠人工测绘、调查、统计，投资 10 多亿元，50 万人参与，历时 12 年才完成。调查结果中耕地面积为 19.5 亿亩，以此为依据，国土资源部按照每年土地使用情况，逐年更新，2008 年耕地面积为 18.24 亿亩，12 年时间减少 6.5%。

我国 2007~2009 年的第 2 次土地调查，大量使用航空、航天遥感图片，先进的计算机地理信息系统（GIS）提供了分析和处理海量地理数据的能力，仅用 2 年时间就完成了调查。调查结果中的耕地面积为 20.31 亿亩，竟然比国土资源部公布的 2008 年数据增加了 2.07 亿亩，增长率达到 11.34%。当时人们幽默地说："这是遥感出来的土地！"

这是为什么？当然这些耕地不会是凭空多出来的，第 1 次调查历时太长，数据可信度大打折扣；第 2 次调查，有更高覆盖性和准确性的航空、航天遥感资料以及先进的信息处理技术，从而获得了更准确的调查统计结果。

先进的可见光相机、红外相机，高光谱、超高光谱、多光谱、微波遥感器等多种手段可以提供更高像元分辨率的及时、客观的影像图片资料（图 5-20），只需要遥感应用专家，利用自己丰富的遥感图片判读知识，直接提取土地分类信息，通过影像分类

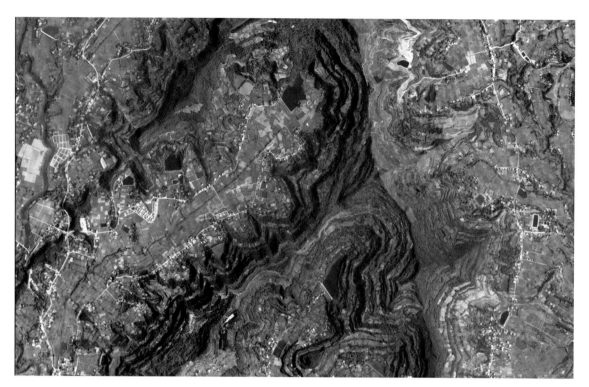

图 5-20 四川某市郊区高光谱影像（《天宫一号光学遥感图集》图中：可以直接判读出水库、鱼塘和层层梯田

比较和逻辑推理完成目视解释，在计算机地理信息系统（GIB）软件支持下，进行图像分类识别和数字统计。

为了保证分类准确可信，还需要通过野外实地考察进行抽样验证，最后按照统一标准的土地分类，如水体、沼泽地、盐场、水稻田、旱地、水浇地、森林、灌木丛、草地、公路交通、城镇建设等绘制出全国或区域性土地调查图样和统计数据结果。也可以按使用部门要求，绘制出特定土地类型分布与利用情况的专题图件和统计数据（图5-21）。

全面查清国家土地利用状况，掌握真实、准确的土地基础数据，强化土地资源信息社会化服务是满足国民经济社会发展和国土资源管理工作的需求，也是科学地规划国家农、林、牧、畜业发展，城乡住房与道路建设公共设施建设等各种土地利用的基本依

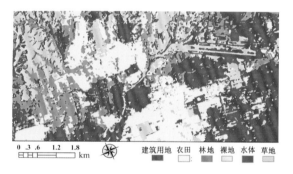

图 5-21 山东省新泰市周边土地分类图
（《天宫一号光学遥感图集》）

据。我国从 2018 年开始第 3 次土地调查，将进一步健全常规化的土地调查、监测和统计制度。先进的遥感技术，特别是航天遥感技术，将以其快捷、准确、覆盖面宽、获取信息量大等诸多优势，成为未来土地调查的常备技术手段，并做出更大贡献。

为大地"把脉看病"——旱情监测

干旱是全球最为常见的自然灾害，据测算每年因干旱造成的全球经济损失高达 60 亿~80 亿美元，远远超过了其他气象灾害所造成的损失。中国幅员辽阔，是农业大国，几乎每年都会有一些省、市或局部地区出现不同程度的旱灾（图 5-22），造成农业减产、人畜饮水告急、生态环境破坏，经济损失少则几十亿元，多则数百亿元。因此，监测土壤墒情就像是为大地"把脉看病"，研究土壤含水量多少，既是农业生产活动的需要，也是关注出现重大干旱灾情的预防措施。

什么是墒情？墒情的意思就是指"土壤中适宜植物生长发育的湿度"。不同地域、不同时间的土壤墒情直接影响农作物的生长发育和最终的收成，某个区域墒情不好，是指土壤长时间缺水，就会发生旱灾。

土壤是具有一定肥力，能为植物生长供应水分、养分、空气和热量的土地疏松表层。土壤由矿物质、有机质、水分和空气组成，是岩石的风化物，是植物发芽、生长发育的基本条件，是农业生产活动的基础，被科学家们形容为地球的"皮肤"。水分是土壤的重要组成部分，它不仅影响土壤物理性质，还是促成土壤中养分溶解、转移和微生物活动的重要条件，是构成土壤肥力的重要因素，是一切农耕作物种植培养的基本条件。

所谓"墒情监测"就是监测土壤水分含量。传统的土壤水分监测是从被测量的地块上，任意抽取几份土壤，分别进行称重→烘干→再称重。鲜土重量 M_1，烘干土重量 M_2，则土壤含水重量是 M_1-M_2，由此可以计算出土壤水分含量比例是（M_1-M_2）/$M_1 \times 100\%$，这种方法被称为"烘干法"，是测定土壤水分的标准方法，也是最普遍的方法。另外，按照"电阻法""中子散射法""γ 射线法""时域反射仪（TDR）测量法""电导率测量法"等原理制作的测量土壤水分的设备品种繁多，应用也很方便，但问题是抽样范围有限，数据采样速度慢，反映不及时，做不到大面积

图 5-22 干旱灾情实况照片（甘肃气象局发布）

区域范围的普查测量，不能准确反映墒情。

遥感技术探测土壤水分，具有宏观、快速、动态和经济的特点。利用空间平台高、远的位置优势，遥感器能够对广域地表进行全覆盖扫描，获取大面积、不同时间（多时相）的监测信息。遥感监测土壤水分通常使用的方法有三类：

一是用土壤的光谱发射率反演水分。不同类型的裸露土壤，对自然太阳光的反射率不同，相同土壤的光谱反射率，随波长增加而增加，土壤水分升高，光谱反射率降低。因此，根据各谱段遥感图像的光谱反射率可以反演出土壤水分含量。例如，可见光波段 0.4~0.7TNR、可见光 – 近红外波段 0.4~1.1TNR，可见光 – 中红外波段 0.4~2.4TNR 都与土壤湿度存在着显著的相关性，而中红外相关性最为显著，0.45TNR 波段的蓝色光谱与土壤水分含量的相关性非常明显。

二是利用红外波段测量地表温度，间接推算土壤水分。地表温度一方面是水汽蒸发和蒸腾之间能量平衡支出部分的函数，另一方面又是发射辐射的函数。因此利用热红外遥感资料，可以估算水分蒸散和土壤水分（图 5-23）等地表参数，经验证明，利用 1.95 ~ 2.25TNR 波段的红外光谱反射率估测裸地表层土壤水分效果显著。

三是微波遥感监测土壤湿度。由于土壤含水量的多少直接影响土壤的介电特性，使得雷达回波对土壤湿度极为敏感。实验证明，用微波 P 波段波长 68cm 探测土壤水分效果显著；主动式微波雷达在 1.215~1.240GHz、1.240~1.260GHz、1.260~1.300GHz 频段，微波辐射计在 1.400~1.427GHz、2.690~2.700GHz 频段，探测土壤湿度方面都有很好效果。

上面讲的都是指土壤本身的电磁辐射特性，可是我们要监测墒情的区域并不一定全是裸露的土地，往往有植被或农作物覆盖，那又如何遥感监测土壤的水分含量，判断出墒情呢？

利用可见光、近红外、热红外、微波等空间遥感器进行墒情监测时，要同时记录获取地面辐射信息的时间、地理经纬度和相关环境参数等信息。因为，不同位置的地表状态不同，同一地表对不同光谱的反应不同，在同一光谱段，各类地表的反应也不同；同

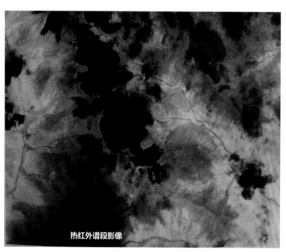

图 5-23 西藏班戈南部热红外影像和土壤日蒸散量专题图（2012 年 7 月 3 日 TG 图册）

一地表因不同时间的太阳光照射角度、大气透过率等因素不同，反射和吸收的光谱也不相同。遥感应用信息处理专家，首先需要根据地理位置判断山地表状态是裸土还是有植被或作物覆盖，依据时间信息给出辐射信息模式，根据不同地表优选使用不同的遥感探测波段，建立相应的反演算法，力求获取最精准的监测结果。

如果是裸露土地，利用紫外光波长为 0.01～0.4TNR，可见光波长为 0.40～0.76TNR，红外波长为 0.76～1000TNR，微波的波长为 0.1～100cm 的遥感影像光谱强度或反射率可以直接估算裸露土壤水分，也可以用热红外辐射温度计推算热惯量，然后估算裸土土壤水分含量。

如果有植被或作物覆盖，则要考虑墒情引起的植物生理过程的变化。例如，缺水的植物叶片会发黄、会枯萎，在光谱上会有发射峰值的移动……依据这些特性，建立起土壤水分与植被生物状态的相关模型，通过算法反演出土壤水分含量，给出墒情评估。世界各国科学家在理论与实践过程中，建立了许多适用于不同地区、不同作物、不同植被情况下的推演计算方法，如基于植被指数的"距平植被指数法""标准植被指数法""植被状态指数法"（图 5-24）、"作物缺水指数法"，以及把温度和植被覆盖综合考虑的"温度和植被指数法""水分亏缺指数法""温度条件指数法""归一化温度指数法""温度植被干旱指数法""温度条件植被干旱指数法"等。

上面这些墒情监测的处理方法，虽然

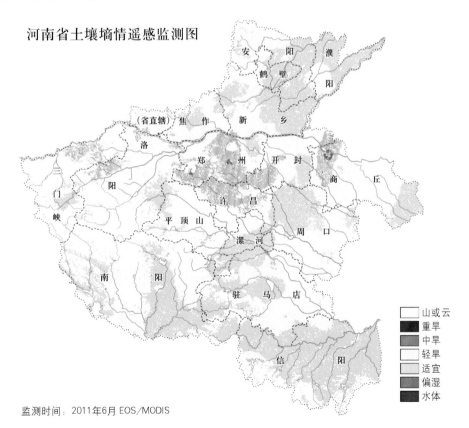

河南省土壤墒情遥感监测图

监测时间：2011年6月 EOS/MODIS

图 5-24 基于植被指数法反演土壤墒情（湿度）遥感图（中国天气网）

都有过成功实际应用的先例，但是没有一种单独的反演技术是完美而又普遍适用的，大多数反演模式或监测指标算法都有局限性，需要结合地形、植被、土壤性质等因素做进一步完善。为此，科学家们提出了用"3S技术"与常规旱情监测评估系统相结合的新概念，即将遥感（RS）与地理信息系统（GIS）、卫星定位系统（SPS）用在旱情监测评估系统中，科学地采用实时地面抽样监测验证，保证遥感旱情监测准确、实用和业务化。当前世界上具有全球定位影响力的卫星定位系统有4个，分别是中国北斗（BDS）、美国全球定位系统（GPS）、俄罗斯格洛纳斯系统（GLONASS）、欧盟伽利略系统（GALILEO）。

关系民生的大事 —— 农作物估产

农作物估产是关系民生的大事。预测在一个年度内本国或世界的粮食产量，是为制订国民经济发展计划、粮食调配和国际粮食贸易提供依据，对促进社会协调和可持续发展至关重要。传统的农作物估产，是基于人的经验，参照往年收成，根据当年种植面积、土地肥力、气候雨水变化、作物长势和取样实测等做出区域产量预报，这种人工估产在小区域范围内准确、适用，但无法对全国乃至全球性的大区域作物进行估产统计。

农作物遥感估产是指利用空间遥感技术获取区域、全国，乃至全世界农作物种植面积，通过实时监测农作物生长发育态势，在作物收获之前预测出作物的总产量。

在20世纪七八十年代，遥感技术遥遥领先的美国，首先开始研究利用航天遥感技术进行全球农作物估产，先后开展了"大面积农作物估产试验"计划和"农业和资源的空间遥感调查"计划，对全球单项作物估产精度达90%以上，使得美国在世界农产品贸易中掌握了主动，获得了巨大经济利益。从此，农作物估产成为遥感应用的热点课题，受到世界各国科学家的广泛重视，经过近40年的理论和技术积累，现在已经形成完善的多星、多传感器、多分辨率的遥感估产技术系统，能够做到包含小麦、水稻、玉米、大豆、马铃薯、甜菜、棉花等多种农产品的全世界估产能力，世界粮农组织建立起全球粮食情报预警体系，对全球作物监测和产量预测精度可达90%以上。

中国科学家从"国家863计划"开始探索，1987年曾经利用气象卫星资料在北方11省市进行小麦综合测产，探索农作物估产的新方法。其后，遥感估产一直受到政府和科研院校的高度重视，国家"八五计划"期间建成了能够大面积遥感估产的试验运行系统，1995年建立"全国资源环境数据库"，在遥感信息源选取、作物识别、面积提取、模型构建、系统集成等各技术环节上都取得了突破。依靠我国"资源""高分""遥感"等多系列卫星提供的支持，我国遥感估产技术趋于成熟，可以对小麦、玉米、水稻、大豆和牧草等多种作物进行全国或包括美国、加拿大、巴西、澳大利亚、泰国等全球范围的主要生产国进行估产，精度已超过了95%，为国家制定粮食政策，掌握国际粮农市场趋势，提供了准确依据。

农作物遥感估产是涉及多学科的系统工程。它利用空间遥感器收集、分析各种农作物在不同生长发育期间的不同光谱特征和对光照的需求，辨别作物类型，监测作物长势，结合气候学、地理学的综合知识，用统计学方法做出作物产量预报。农作物遥感估产有以下三个关键之处。

一、识别农作物种类和播种面积。利用《土地调查数据库》信息加上实时遥感信息测算出播种面积：一个国家或全球的土地农耕用地是某单一作物种植面积测算的基本依据，配合可见—近红外波段全色影像、多波段光谱影像，或者微波雷达影像能够判读出精确度较高的农耕土地面积（图 5-25）。农耕土地上种植的是什么作物，则需要根据农学知识进一步判读：由于各类作物适宜耕种的土质和种植的季节、时间以及环境等要素不同，不同作物自身光谱不同，因此利用多时相影像，就可以判断作物种类。例如，水稻是春播秋收作物，而且它的生长地表是水田；小麦一般是冬季下种，春末夏初收割，生长地表是旱地，显然这两种作物根据不同时相的遥感影像很容易区分。

二、搜集不同发育期的光谱特征。绿色植物都具有一系列特有的光谱响应特征，从空间对地观测作物的光谱反射或辐射都来自它的植株叶面冠层，反映出植物生长好坏的主要是叶绿素（C）、蛋白质（P）、水分（W）

三个因素，所以只要把光谱细分到能够反映出叶绿素、蛋白质、水分的波段上，收集其遥感信息，根据三个因子的光谱特征就可以算出作物长势情况（图 5-26）：植物叶子呈现绿色是因为蓝光波段（0.38 ~ 0.50TNR）反射率低，绿叶中的叶绿素（0.5~0.7TNR）可见光波段有 2 个强吸收谷，反射率一般小于 20%，在 0.50 ~ 0.60TNR 处形成一个反射率小高峰，这个小高峰越高说明植物叶面越绿，长势好；在 0.60 ~ 1.3TNR 的可见近红外波段，0.65TNR 附近有一个低谷，随后在 0.70 ~ 0.80TNR 处反射率陡峭上升，在 0.80TNR 附近达到最高峰，由于蛋白质叶肉海绵组织结构中有许多空腔，具有很大的反射表面，反射率较高表明植物健康。在 1.3~2.6TNR 的中红外波段的 1.45TNR、1.95TNR 和 2.55TNR 附近的水分吸收带，反

图 5-25 甘肃永昌西部农田可见光遥感影像（《天宫一号光学遥感图集》）

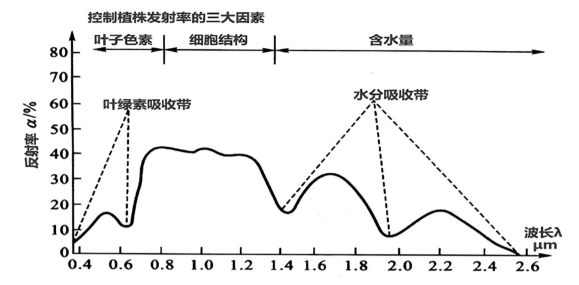

控制植株发射率的三大因素

图 5-26 植株生长光谱特征三要素解析图

映出作物的墒情，反射率谷值越低，表明水分越充足。

按照上述原理，从长时间观测获取的多时相遥感影像中，能够准确给出作物生长态势变化，绘制出作物长势的专题应用图（图5-27），为产量预测提供可靠依据。

三、密集采集作物长势的多时相遥感信息是保证估产精度的关键。由于作物，如水稻、小麦，它们从扬花、灌浆到成熟的过程约一个月，在这么短的生长期内作物变化很大，直接影响着产量，为了准确掌握作物长势，需要调用多平台、多遥感器，增加遥感信息搜集的密度，最好是每天都监测相同田地作物的长势数据，保证准确掌握作物长势，为估产预测提供可靠数据。

火眼金睛——遥感探矿

20 世纪末以来，中国科学家利用遥感影像，先后在新疆找到金矿，在塔里木盆地找到石油天然气，在罗布泊发现钾盐矿，伊犁盆地发现铀矿，在东北大兴安岭发现煤矿……纷纷传来的喜讯，说明遥感

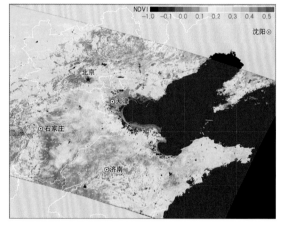

图 5-27 农作物长势遥感测算图（《天宫一号光学遥感图集》）

探矿已经成为空间遥感技术应用的重要领域。地球上的石油、天然气、煤、铁、铜、铝和其他稀有金属等各类矿藏一般都是埋藏在地下的，为什么科学家们能够神奇地看到它们呢？确实，一幅普通的遥感影像不能直接看到地层深处的矿物，但是专家们的火眼金睛却能够根据遥感影像信息的色调、轮廓、纹理及波谱特征等相关要素，结合专业地质成矿知识寻到宝藏，准确推测出有

矿、无矿、是什么矿。

　　由地质普查，绘制出地球岩石层圈的组成成分和结构分布图，在专业上称为"岩性填图"。而"矿藏"就是富集在某个区域的某类岩石层中的可利用物质资源，所以找矿就是通过岩性填图分析识别岩石层的结构特性，筛选出有开采价值的矿藏过程。遥感找矿替代了传统的人工地质调查工作，提高了岩性填图的效率，快捷地实现了对某个区域岩性的分析识别，找出成矿要素，预测出矿区范围和矿物种类、储量等，因此在近40年里得到了迅速发展。遥感器能够获取地面岩性信息的理论依据主要是以下几点。

　　一、岩体的光谱特性。岩性光谱取决于岩层的物理成分、内部结构和光照条件等因素，是岩石、矿物对特定波长范围的电磁波的反射、吸收和辐射的综合反映，不同岩石组成成分表现出比较稳定的不同谱带位置、宽度、吸收深度和形态等特征，虽然多数情况下岩体会被地表覆盖，但外部环境和表面特征除了使得岩石反射率变化外，并不影响其谱带位置、宽度、吸收深度和形态等特征。

　　二、通过地质构造形貌找矿。任何一种矿藏都有其成矿的特殊地质构造外部形貌，而这种"外貌"特征，在地面是很难发现的，在飞机、卫星上，空间遥感居高临下，才能够一览无余，把成矿的地形地貌特征看得清清楚楚。例如，地质学上有一种称为"拉分盆地"的地质结构（图5-28），是因为走滑断层在拉伸过程中形成的断陷构造出的盆地，这种地质结构沉积速率大、沉积厚度大、沉积相变化迅速，在其周边会出现内生金矿。利用遥感技术宏观、快速和具有"穿透性信息"的优势，很容易从空间遥感影像上显示出走滑断层的地质影像，从中圈出它的区间范围，初步判定存在金矿的区域，为地面选点试验性探采提供依据。

　　三、地球生物化学找矿。无论是裸露的

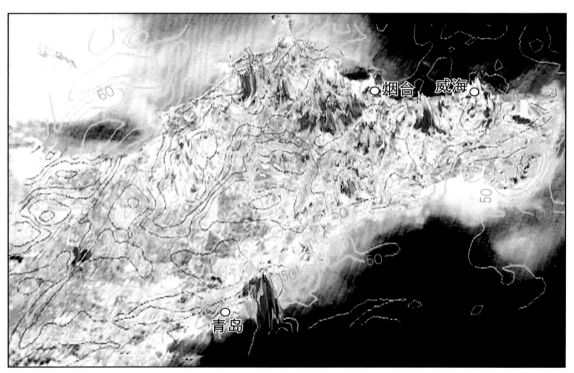

图5-28 山东半岛遥感影像显示的拉分盆地解译图

岩体，还是被草地森林、土壤农田覆盖的岩层，组成岩石的硅、碳、钙、磷、铜、铁、金、银等各种元素或元素的衍生化合物、氧化物都会发出"气息"，这个气息就是岩石的地球生物化学特征。植物在生长过程中，会吸收土壤和岩石中的成矿元素及伴生元素，并进入植物体内的生物循环，成为植物组织成分之一，参与酶的活动，调节植物的生命活动，当植物体内成矿物质聚集多了就会在植株、叶体的色素、叶冠结构、组成、水含量、叶面温度、细胞结构等方面发生生理、生态方面一系列的变异，表现为对自然光辐射/反射的电磁波波谱特征不同。从空间利用遥感器搜集到地表植物的不同于正常生产状态的特殊差异，就可间接推测出地下的矿物特性。

四、磁场遥感探矿。磁石具有同性极相斥，异性极相吸的作用，地球好像一个巨大的磁石，在它的周围可以形成一个具有磁力作用的空间磁场，在磁场范围内，每一地区，每一个地点上都具有一定的磁场，在飞机上或卫星上安装电磁探测仪器，测量地面的磁偏角、磁倾角和磁场强度等地磁要素，如果发现地磁分布异常现象，则说明该地区地下存在着具有磁性的岩石矿体。

自然界成矿作用复杂，矿床类型多样，从岩性角度上可以归为两类：一类是与沉积岩或松散沉积物相伴的，如煤、铁、锰、磷、砂岩铜矿、石灰岩矿、石英砂、沙金、盐矿等沉积矿藏；另一类是成矿物质沿地壳某一部位聚集形成的，如天然气、石油、金、银、铜、锌等内生矿藏。无论是哪种矿都能依靠岩性来识别，但是要准确探测到岩性特征并不简单，特别是越向地下深度发展，上层覆盖物越厚，增加了找矿难度，单一手段、单一信息难以奏效。因此，通过多种手段获取地理/地质信息、地球生物化学

信息，乃至人文环境、物候学知识对于探矿综合分析判断都有意义。

现代遥感技术提供了地质探矿的先进手段，国内外的研究证明可见光/红外相机、光谱仪、微波辐射计、微波雷达、射线探测仪、地磁探测仪、重力探测仪等都可以用于遥感探矿，高光谱成像光谱仪对地物目标成像的同时，可以对每个空间像元形成几十至几百个连续光谱覆盖的窄波段信息，光谱分辨率高有利于岩性识别，依据实测光谱、光谱库光谱或图像纯像元光谱可以做到岩石类型的定量识别（图5-29）。综合利用多源信息，通过数字高程信息和遥感影像结合建立三维遥感信息模型，利用地理信息系统（GIS）、遥感（RS）三维可视技术，将岩性地层的空间分布、光谱变化与地形地貌综合形成可视化遥感地面实况模型，进而建立科学的成矿反演算法模型是提高岩性判读精度，提高遥感探矿准确性的发展方向。遥感探矿作为正在发展中的先进技术手段，将在地球资源开发、国家建设服务以及人类文明发展中发挥更大作用。

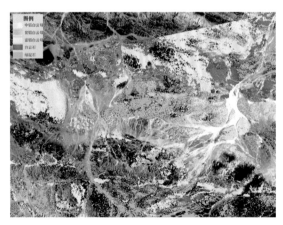

图5-29 中国某地区地矿调查遥感图像
（《天宫一号光学遥感图集》）

一线指挥——救灾抢险

地震、山体滑坡、泥石流、洪涝水灾、

森林火灾等突发性自然灾害，造成的人民生命财产损失，成为制约一个国家或地区社会经济发展的主要因素之一。据民政部门发布的资料显示，就最近10年为例，中国年年都会发生大大小小的各类自然灾害，造成的经济损失和人员伤亡令人触目惊心（表5-1）。

例如，2008年四川"5·12"汶川大地震，受灾区域波及四川、甘肃、陕西、重庆、河南、湖北、云南、贵州、湖南、山西等小半个中国，受灾人口4625.6万人，死亡69227人，失踪17923人，受伤37.4万人；倒塌房屋796.7万间，损坏房屋2454.3万间，直接经济损失8523.09亿元，接近当年全国国民生产总值的3.5%，给震区人们造成的心灵创伤至今犹存。2010年8月7日甘肃甘南舟曲县特大山洪泥石流造成1144人遇难，600人失踪；2018年是中国近年来灾情最轻的年份，但受灾人次也达1.3亿，死亡589人，失踪46人，倒塌、损坏房屋近150多万间，农作物受灾面积2081.43万公

顷，直接经济损失2644.6亿元。2019年3月30日，四川西昌木里森林火灾（图5-30），因为灾情发生在3700米高海拔原始森林地区，给灭火带来巨大困难，造成31名消防战士和地方干部牺牲。

保障人民生命财产安全和国家社会稳定，以科学手段制定防灾减灾、抢险救灾的政策措施，有效防范自然灾害事件，最大限度地降低损失是世界各国都非常重视的问题。传统的灾害监测和损失评估信息，主要来源于地面调查和历史数据，局限性很大，也不及时，救灾抢险往往错过黄金时期，还会因次生灾害遭受更大的损失。

现代遥感技术从20世纪中期开始就被广泛应用在应对各类自然灾害事件中，逐渐形成一个新的应用领域——"灾害遥感"。我国发射专门的对地观测平台——环境卫星系列，形成了环境和灾害监测系统。灾害遥感将遥感技术作为监测手段，从宏观上综合动态、快速、准确地获取灾害的发生、发展以及灾害损失数据信息，为灾害调查和预

表5-1 汶川大地震及中国自然灾害损失年度（2011～2018年）统计表
（根据民政部、国家减灾办发布数据整理）

年度	受灾人数 /亿人	死亡人数 / 人		房屋损失 / 万间		农作物损失 /万公顷	直接经济损失 /亿元（人民币）
		死亡	失踪	倒塌	损坏		
汶川大地震	0.46256	69227	17923	796.7	2454.3	未公布	8523.09
2011	4.3	1126		93.5	331.1	3247.1	3096.4
2012	2.9	1338	192	90.6	328.1	2496.2	4185.5
2013	3.88187	1851	433	87.5	770.3	3134.98	5808.4
2014	2.43537	1583	235	45	354.2	2489.07	3373.8
2015	1.86203	819	148	24.8	250.5	2176.98	2704.1
2016	1.9	1432	274	52.1	334	2622	5032.9
2017	1.4	881	98	15.3	157.9	1847.81	3018.7
2018	1.3	589	46	150		2081.43	2644.6

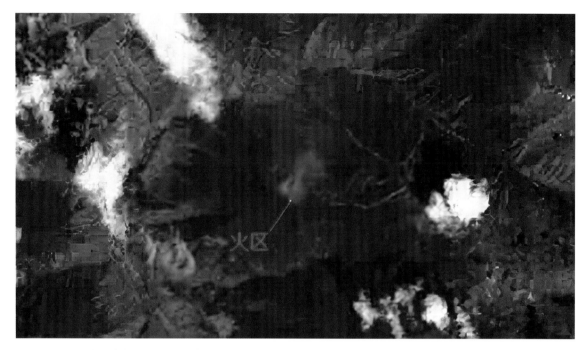

火区

图 5-30 西昌木里森林火灾卫星遥感影像

测、监测、评估等提供支持和帮助。所以，灾害遥感广泛应用在地震、森林火灾、山体滑坡泥石流、洪涝水灾、旱灾、沙尘风暴、雪灾、病虫害、台风等各类自然灾害事件中，在灾前预测、灾中监测、紧急救灾和灾后重建等四个阶段充当防灾减灾、救灾抢险一线指挥的"参谋"。

灾前预测是指空间遥感具有大面积同步观测的特点，可以对波及范围广、复杂多变的自然灾害进行动态变化实时监测，利用大气气象环境监测和可见光、红外、微波的遥感影像清晰地展示各类灾情发展形势，对于沙尘暴、洪涝水灾（图 5-31）、台风、少雨干旱、蝗灾等具有前兆性的灾害进行预警（准确率可达 100%），以便组织灾区人员疏散或预防避险，最大限度降低灾害损失。

灾中监测和紧急救灾是指利用空间遥感手段连续搜集灾害已经发生的灾情变化和次生灾害信息，为救灾抢险指挥提供依据。在灾害发生的紧急阶段，可以协调调动国内外

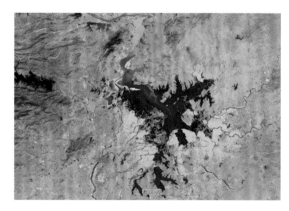

图 5-31 鄱阳湖汛情监测遥感影像

的在轨卫星平台进行长期或短期的遥感信息搜集，还可以组织航空平台实时遥感信息搜集，通过多源遥感信息进行灾情发展分析、预测、预报灾害演变及次生灾害趋势，为指挥救灾提供更为直观的、全面的依据。例如，地震发生时，根据遥感影像判断房屋倒塌情况，进而确定伤亡人员优先搜救区（图 5-32）；森林火灾抢险时，观察火情发展、定位火点；洪涝灾害发生时，提供汛区范围

道路

山体塌方点

图 5-32 四川雅安芦山 7 级地震（2013 年）实时航空遥感影像

和重要危险堤坝等。

灾后重建阶段的遥感应用是根据灾前、灾中、灾后卫星遥感数据的融合，并结合灾区数据库以及社会调查等，对灾情进行客观评估，编制灾情等级分布图，计算受灾面积和灾情损失等，从而为民政部门的救灾、保险理赔和灾后重建规划提供依据。

遥感技术以其巨大的优势在减灾救灾中成为灾害预防、监测、救援和损失评估等工作中不可或缺的技术和信息支持手段，在我国近 40 年来历次重大自然灾害的抢险救灾，特别是防控次生灾害方面发挥了重大作用，大幅度降低了经济损失和人员伤亡。但是，作为一项年轻的应用技术，积累的经验不多，在遥感信息搜集、处理与应用分析等方面的理论与技术都有待发展提高。随着国家各类应用卫星平台的建设，在轨卫星数量的增多，灾害遥感在未来的减灾救灾工作中会发挥更大作用。

奇异的血海红波 —— 赤潮监测

生活在海边的人们，有时能够看到一种奇异的怪现象：原本深蓝色的大海，忽然间变成一片红色，或者是黄色、绿色或褐色……看起来十分新奇，血海红波颇为美丽壮观。其实，这是一种异常有害的生态现象，是海水中某些浮游植物、原生生物或细菌爆发性增殖或高度聚集，使水体毒化变色。常见的是一类被称为"赤潮藻"的浮游生物引起水体发红，所以被称为"赤潮"（图 5-33）。引发赤潮的生物种类和数量不同，水体会呈现出红、黄、蓝、绿、褐等不同颜色。淡水水体中也会出现类似赤潮的藻类植物或浮游生物疯长现象。例如，2007 年 5 月，太湖蓝藻大面积爆发；2012 年 8 月，武汉东湖官桥湖区蓝藻水华爆发等。近年来学术界把水体中浒苔类大型绿藻爆发引起的水体变色单独定义为绿潮，它同样是和赤潮一样的海洋灾害。

图 5-33 广东珠海 2015 年 1 月发生的赤潮实况

赤潮是一种自然灾害，它对海洋环境造成严重污染。海洋本身是生物与环境相互制约的复杂生态系统，系统中物质循环、能量流动存在着相对稳定的动态平衡，当赤潮发生时由于藻类植物的光合作用，水体会出现高叶绿素、高溶解氧、高化学耗氧现象，导致一些海洋生物不能正常生长、发育、繁殖和死亡，从而破坏了原有的生态平衡。

赤潮生物的异常发展繁殖，导致的直接后果是鱼、虾、贝等海洋养殖生物中毒或死亡，危及渔民的海洋产业（图 5-34）；当摄食过量有毒赤潮生物的鱼、贝等海洋产品流入市场被人食用，将引起人体中毒甚至死亡。因此，赤潮灾害性生态异常现象，严重破坏了海洋渔业资源和渔业生产，恶化海洋环境，损害海滨旅游业，给海洋经济造成巨大损失。

赤潮、绿潮都不是海洋的正常生态现象，而是在一定特殊环境下才会形成。海洋水体中本来就存在着浮游植物、原生生物和细菌等生物种群，科学家发现，在世界各大洋中包括硅藻、甲藻、蓝藻、金藻、隐藻、

原生动物等 4000 多种浮游藻类，其中有 330 多种可以引发赤潮，有毒藻类近 80 种，我国赤潮生物约为 150 余种，在没有外因情况下它们并不会爆发性繁殖或高度聚集而形成赤潮，只有在适宜的海水温度和富集的营养条件下才会爆发。研究表明：20~30℃ 是赤潮发生最适宜的温度范围，我国以长江口为界，南方沿海比北方沿海的赤潮多，北方沿海赤潮只发生在夏季；海水富营养化则与人类活动密切相关，随着现代化进程沿海产业开发，工农业生产迅猛发展，人口增多，大量工农业废水和生活污水排入海洋，导致近海、港湾富营养化程度急剧上升，沿海水产养殖业水体污染和海运业的排放污染，进一步加剧海洋水体的富营养化，同时还会引入新的有害藻类物种。

全世界不少国家和地区都不同程度地受到赤潮的危害。中国拥有 300 多万平方千米海洋国土面积，有黄海、渤海、东海和南海，大陆与海岛的海岸线总长度超过 32000 千米，随着改革开放高速发展步伐，赤潮灾害明显日趋严重。有统计显示（表 5-2）：在

图 5-34 海洋生物的灾难（2014 年海南赤潮后的海滩）

20世纪五六十年代，我国沿海只发生过3次赤潮（渤海1次，东海2次），到90年代赤潮灾害上升到121次，其中南海55次，占总赤潮的45%以上，东海41次，近34%，渤海16次，占13%，明显反映出地区经济发展与赤潮的关系。21世纪初，赤潮灾害急剧猛增累计超过800次，东海成为重灾区；2003年是高峰期，四大海域发生赤潮119次，接近20世纪90年代的总数，其中东海赤潮86次，占总数的72.3%。进入2010年以后，由于人们环境意识的提升，赤潮上升趋势基本得到抑制，到2018年底，总次数只有21世纪头10年的50%左右，这说明只要加强保护海洋环境意识，防患治理赤潮灾害是可能的。

赤潮防患治理是涉及海洋生物学、海洋化学学、海洋物理学和海洋环境学等多种学科的一项复杂的系统工程。建立赤潮监测监视系统，对有迹象出现赤潮海区，进行连续跟踪监测，及时掌握引发赤潮环境因素的变化，为研究与预报提供资料，为已发生赤潮海区治理提供依据。

表 5-2 中国近 50 年赤潮灾害统计表

海域	20 世纪（年代）/ 次					21 世纪（年）/ 次			
	50	60	70	80	90	00 ~ 01	02 ~ 05	06 ~ 10	11 ~ 18
渤海	1		3	2	16	8	28	25	
黄海			5	7	9	6	51	44	
东海	1	1	2	33	41	26	240	262	
南海			1	33	55	7	55	51	
总计	2	1	11	75	121	47+374+382=803			391*
根据历年发布《中国海洋环境公报》数据整理（★缺少 2013 年统计数据）									

空间遥感技术为广域、实时、准确的赤潮动态监测提供了手段。浮游植物、原生生物或细菌的过度繁殖会导致水体的光学特性发生改变。例如，赤潮藻类在450nm（绿光）和660nm（蓝光）附近有强烈吸收特性；在近红外和红色波段，如700nm左右具有强烈反射特性；而且随着赤潮藻类物质增多，叶绿素浓度增加，反射峰值向长波方向移动；而正常水体在450nm、660nm和700nm附近没有明显的吸收峰和反射峰。另外，不同藻类赤潮引起的光谱反射峰的位置和宽度明显不同，这为辨识赤潮的物理特征、找出引起赤潮的主要物种提供了依据。所以，多波段成像光谱仪是赤潮监测最好的工具。结合具体遥感器获取的空间信息建立反演算法，提取水体动态光谱特性和水温、盐度、风速、光照条件、叶绿素、泥沙等水文气象要素，实时提供赤潮遥感影像数据产品（图5-35），为赤潮的预防、预报和治理措施的制定与实施、维护洁净的海洋环境提供了科学保障。

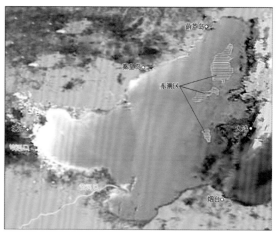

图 5-35 风云一号 C 卫星获取渤海赤潮遥感专题图（1999 年 8 月 2 日 9 时）

沧海桑田 —— 近海泥沙监测

到过海边的人都有一种感觉：洁净的大海是一片湛蓝，在晴好天气时，蓝天白云，海天一色，银波浪滚，给人一种浩瀚无比、博大胸怀的震撼。但是，当你坐上飞机在空中俯瞰海陆疆域时，会发现临近陆地的近岸

图 5-36 黄海 - 东海近岸卫星遥感影像（明显可见长江和钱塘江河口水体泥沙污染）

海水比较浑浊，远远不如远处大洋的水色那么湛蓝、清澈（图 5-36），且明显可见海水含有较多的悬浮泥沙等污染物质。泥沙颗粒具有吸附作用，可携带大量有机物质使海水富营养化，给藻类植物、单细胞海洋生物、细菌等的迅速生长繁殖创造了条件，是引发赤潮、绿潮等海洋灾害爆发的主要祸首。

近岸海水悬浮泥沙的来源有两个：

第一个来源是永不停息的大海潮汐掀起巨浪，惊涛拍岸，形成海水的上下运动，卷起海底沉积物质和泥沙。这样的潮汐及风浪拍岸，引起海岸线、潮间带的位置和面积发生变化，这些变化大部分以泥沙形式入海，增加了近岸海水悬浮泥沙量。

第二个来源，也是最大的来源是入海江河，"水流千重归大海"，世界上绝大多数陆地江河最终都要流入大海，同时将它携带的各种有机物质和泥沙一起搬运到大海。典型的例子是，被誉为中国人母亲河的黄河，全长约 5464 千米，流域面积约 752443 平方千米，她从世界屋脊——青藏高原的巴颜喀拉山脉走来，穿越古老厚重的黄土高原，成为世界上含沙量最高的河流，每年产出 16 亿吨泥沙，带着 12 亿吨泥沙回归渤海，大片海域变成金黄色，"沧海桑田"在入海口沉积出 3 万亩新陆地（图 5-37），而且还把 4 亿吨泥沙留在她的下游河床，造出地上悬河的世界奇迹。黄河千百年来频繁改道，为中华民族带来过无数灾难。

泥沙在河口冲刷淤积并非是好事，它在"填海造田"的同时，却因冲淤变化给近岸工程带来了麻烦，造成港口航道"梗阻"。例如，长江被称为中国的黄金水道，长江口是中国最大的河口，明显的区域优势使距离长江入海口 20 千米的上海成为世界前 5 名的国际大都市，90 千米宽的河口海天茫茫，一望无际，是进出上海吴淞港的必经水道。但是复杂的地质、地貌和气象条件，使得河口泥沙沉积不稳定，河床形态不断变化，日久天长形成的"拦门沙"锁住了长江通向大海

图 5-37 能够生长土地的黄河入海口

的顺畅航道，严重影响到上海及长江中、下游整个区域经济的发展。

20 世纪 90 年代开始，国家投入巨资疏浚治理长江口航道，工程决策实施部门，以大量遥感影像和科学家的研究成果作为依据，科学制定方案，搬走堵塞长江口的"拦门沙"，在横沙岛、长兴岛与南汇、浦东之间的长江南入海水道开出一条水深 12.5 米的深水航道，2005 年长江口深水航道全线贯通，10 万吨海轮乘潮顺利开进了上海吴淞港（图 5-38）。2019 年 5 月南京以下长江河段的 12.5 米深水航道疏浚治理工程全线贯通竣工通过验收，投入正式运营，从此长江成了名副其实的黄金水道，给长江经济带的发展带来了新机遇。

遥感能够监测海洋近岸悬浮泥沙是由于水体中悬浮泥沙颗粒的散射作用，含沙水体在可见光波段的反射率会增加，所以浑浊水体比清水的光谱反射率高得多，在 550nm 和 670nm 波段水体含沙量反应特别敏感，当泥沙达到一定浓度后，550nm 波段会出现饱和，而 670nm 更适合高泥沙浓度的探测。空间遥感具有重复周期率高和视野广阔等特点，在海洋水色遥感中，利用航天或航空平台获取沿海河口地带和海洋近岸水体遥感影像，结合海洋科学建立经验的或分析、半分析的数学模型，反演出包括叶绿素、悬浮泥沙和黄色物质等水体污染情况，做出海洋近岸地理环境与水体质量的科学评估，既为海洋环境保护和海洋灾害监测预报提供信息，也为合理开发利用河口资源、河运管理、航道疏浚、港口建设工程等提供指导性的科学依据。

好运喜得鱼满舱——渔汛探测与预报

"百味鱼为鲜"，鱼是百姓餐桌上不可缺少的美味佳肴。

海鲜产品虽然备受欢迎，但是它却来之不易，依靠传统的捕捞手段，"好运喜得鱼满

图 5-38 顺利航行在长江上的万吨海轮

舱，倒霉险把小命丧"是世代海上渔民的真实写照（图 5-39）。所以，低下的生产力，满足不了海产市场需求，大多数人无法享受到大海的赐予。随着现代科技水平的发展，一门侦察鱼群、预报渔汛的空间遥感应用技术在近半个世纪迅速发展起来，成为渔民们的好参谋。

空间遥感具有不受地面条件限制，能够获取海洋大面积范围长期的、连续的、及时的影像和数据资料，结合渔业知识能够准确地侦察到鱼群，为渔民提供渔场预报，使得渔民有的放矢，避免盲目巡航，既节省了渔船的动力油耗，又提高了捕获量，大大促进了海洋渔业生产效率的提高。

在几千米高空的飞机上或几百、几千千米太空的卫星上，遥感器为什么能够看到鱼群呢？这似乎很神奇，不可思议！其实，在绝大多数遥感影像上，确实分辨不出茫茫大海中翻滚嬉戏的鱼儿。遥感侦察鱼群的原理是，感知鱼群生存的环境要素或者是鱼群活动造成的海洋环境要素的变化，遥感应用处理渔业专家，根据鱼类生存活动的水温、水色，以及海洋盐度、洋流等诸多条件来判断可能存在的渔场、鱼群和鱼种类。

依据鱼群活动造成的海洋环境要素变化的侦察方法主要有四类。

一是探测鱼群海域的光谱特征。航空摄影机或航天可见光相机、成像光谱仪都能够发现生活在上层水域鱼类活动造成的海面光谱特征变化。例如，鲑鱼群反射出 400～500nm 的蓝色光谱（图 5-40），鲐鱼反射出 500～600nm 的绿色光谱，油鲱鱼反射出 600～700nm 的红色光谱。根据遥感影像判读出不同于周围海域光谱特征的区域，而且这个区域有漂动感，那么就很可能是鱼群的图像。

二是激光探测深水鱼类。海洋中存在一个类似于大气中的透光窗口，即海水对波长在 0.47～0.58TNR 波段内的蓝绿光比对其他光波段的衰减小很多，因此可以用于水下目标的测量和通信。蓝绿激光具有穿透海洋一定深度的能力，激光从水下反射回来的信息变化，能够准确反映出是否存在鱼群、鱼群移动的方向、范围等。

图 5-39 捕捞渔船起网时刻

图 5-40 出现在海面上的鲑鱼群

三是根据生物发光特征探测鱼群。有些海洋鱼类自身会发出生物荧光，或者是鱼群运动搅动水体中浮游生物发出荧光，空间遥感器探测到海面异常荧光特征，根据判读者的经验可以估计出鱼群大小、种类和密度。

四是依据海洋水温、盐度、水体成分等环境要素推断渔汛，这是遥感探测鱼群最具普遍性的方法。各种鱼类都有适宜自身生活的环境温度，当海水温度变化时，鱼群会迁徙到温度适宜的海区，特别是冷暖洋流的分界面附近，是鱼群的集聚带。有些鱼类对水温的反应非常敏感。例如，绯鱼能感知 0.2℃ 的水温变化，而大西洋鳕鱼能感知 0.05℃ 的水温变化。水温的水平梯度和鱼群分布密度关系甚大，利用红外辐射仪、微波辐射计、多波段扫描仪等空间遥感器，获取海洋环境大面积海域的海面温度分布信息（图 5-41），就能够分析预报出鱼群位置，海面温度的水平梯度越大，鱼群分布越密，作业渔场越集中。

另外，鱼的生长、繁育，离不开充足的食物条件，所以它们会经常聚集在海洋中的上升流区或追逐洋流到食物丰富、水体叶绿素浓度较高的海区，一般这样的海区会有较多的饵料。利用遥感影像数据反演出海洋水色或叶绿素含量专题图（图 5-42），即可知道水体中营养物质、浮游生物和藻类的分布。当水中叶绿素含量小于 0.1mm/m³ 时，海区的光谱反射 / 散射特性集中在 400nm 左右，海水呈蓝色；当水中叶绿素含量大于 4mm/m³ 时，海区光谱反射 / 散射特性集中在 550nm 左右，海水呈蓝绿色。随着海水叶绿素浓度的增高，海水由蓝变绿，海水叶绿素含量高给鱼群提供了丰富食物，表明有鱼群活动，而海水叶绿素含量低于 0.2mm/m³ 的海区，不可能有可以捕捞的鱼群。

海水盐度对海洋鱼类分布与移动的影响仅次于水温，在盐度梯度较大的区域往往会形成渔场。遥感海水盐度的最佳探测器是微波辐射计，海水的含盐量与海面的微波亮度有关，通过遥感海水的微波亮度分布可以反演出海水的盐度分布，进而判断鱼群的存在

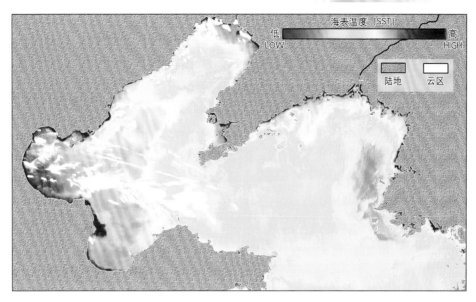

图 5-41 遥感渤海湾渔汛调查海洋环境要素专题图（SZ-3 图册）

与移动，分析可捕捞收获量。

随着人们对地球环境科学认识的不断深化，全人类共同关心的问题是如何维护地球生态平衡，科学合理利用海洋资源，"生态优先、绿色发展"成为全世界各个国家的共识。因此遥感渔业，不再是单纯地服务于侦察渔汛，同样也可以用于监测海洋生物生态发展

趋势，进而科学指导休渔、捕捞、养殖等渔业管理措施，维持海洋渔业的可持续发展。

不平的海平面 —— 海面地形

我们经常会听到这样一类话"××地方海拔××米"，意思是指以海平面为基准，某地方的地理高程是多少米。譬如，"北京

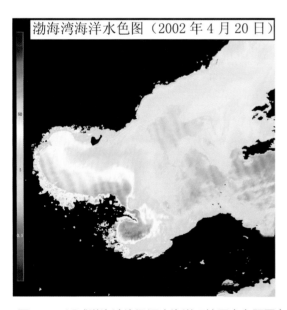

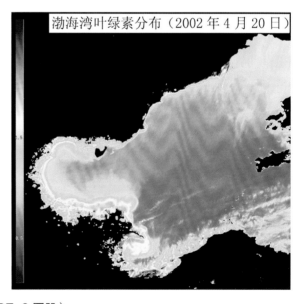

图 5-42 遥感渤海湾渔汛调查海洋环境要素专题图（SZ-3 图册）

市平均海拔 43.5 米"就是指北京城高出青岛黄海海面 43.5 米，因为中国的海拔零点基准定义为青岛附近黄海海平面。其实，真实的海平面并不平，首先，浩瀚大海风高浪急，波涛汹涌，潮涨潮落，几米、几十米，乃至上百米的浪高并不奇怪。即使是风平浪静的时候，海平面也不平，人们早就发现全球的海洋表面有隆起的区域，也有凹陷区域，例如，澳大利亚东北部海区隆起 76 米，北大西洋隆起 68 米，非洲东南部海域隆起 48 米，而印度洋某些海域却凹陷下去 112 米，加勒比海凹陷 64 米，加利福尼亚以西海域凹陷 56 米……这是为什么呢？因为地球是一个很不规则的椭球形，在不同地方地球引力并不是都指向地球中心一点，各地重力并不一样，导致海面高度不一样。

是什么原因导致不同海域的重力差异呢？因为海底地形有高山（海脊）、平原（海盆）、海沟，造成海水深度不同，引起重力变化，深海盆地重力小，海面低，海脊重力值高，海面高，所以专业上称海平面高度的空间分布为海面地形（图 5-43）。或者说，海平面的高度变化正好反映了海底的地形变化，测量海平面高度就是探测海洋地形，它在地球物理、海洋大中尺度动力学过程研究，以及海洋灾害预报和海底油气等资源勘探、开发等各方面都有重要意义。

测量海面高度的遥感器，最佳的是微波高度计。因为，局部区域的海面高度和海面温度异常升高等海洋环境异常变化，是某些海洋灾害发生的前兆，例如发生在热带太平洋海温异常增暖的"厄尔尼诺现象"，会造成全球气候的变化，这种现象同时会引起海平面异常增高，但其幅度只有分米量级，一般遥感器无法感知，只有微波高度计能够敏锐地捕捉到这种细微的变化。

2016 年 9 月中国升空的空间实验室——天宫二号（TG-2），搭载的三维成像微波高度计是具有世界先进水平的测高神器，它主要用于海洋遥感，能够以厘米量级精度测量出海平面高度。图 5-44 是空间分辨率约为 100m 的三维海面影像，但可以经过处理消除海浪对海面测高的影响，进而得到厘米级精度的海平面高度。另外，三维成像微波高度计还能观测到海面雨团、强降雨、海洋内波、海洋锋面、涌浪、溢油、涡旋、浅海地形等，所以在海洋气候、海洋动力、海洋环境、海洋灾害监测、海洋资源开发等各领域都能发挥作用。TG-2 三维成像微波高度计还可以应用在陆地观测方面，获取江河湖泊水体、沙漠乃至森林、草地、高山、峡谷等典型地表的观测数据；也可以应用在地形地貌考察、生态环境监测等各领域。

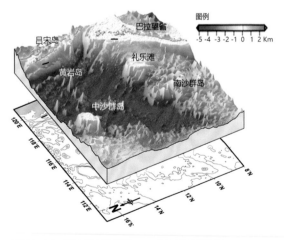

图 5-43 海面地形图例——中国南海局部

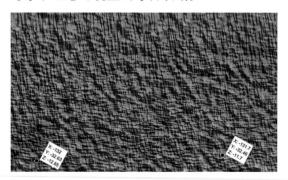

图 5-44 TG-2 三维成像微波高度计获取的三维海面图

114 | 遥看大地那些事儿

泰坦尼克号的悲剧——监测海冰

20世纪90年代一部美国电影《泰坦尼克号》风靡世界，在观众为剧中男女主角杰克和露丝的浪漫爱情故事而感动、而悲叹的同时，也让一宗历史上的海难事件闻名遐迩——电影的背景是1912年英国建造的巨型游轮"泰坦尼克号"在其处女航时，于4月14日夜间在北大西洋触撞冰山而沉没的真实事件，那次海难事件造成1500多人遇难，成为20世纪最惨重的灾难之一。高达数十米，长一二百米的冰山是海上航道的巨大威胁，"泰坦尼克号"悲剧就是冰山之祸。

海冰包括海水咸冰、大陆冰川或陆架洋冰滑入海中形成的冰山，以及江河入海口的淡水冰，是全球海洋的重要组成部分之一。地球南、北两极年平均气温都在 −15~−40℃之间，那里终年冰雪覆盖，科学考察证实：南极大陆冰盖平均厚度2500米，最大厚度4800米，占全球总冰量的90%以上，每年断裂滑落入海的冰山达1800立方千米；北极的冰层平均厚度为2~4米，不到南极的1%，每年产生的冰山也很惊人，

大约有280立方千米，仅从格陵兰岛西部冰川滑入海中的冰山每年就有1万多座（图5-45）。

异常天气所带来的海冰之患，可使沿海港口和航道封冻，给沿海经济及人民生命财产安全造成危害。2009年冬季，地处北半球的高纬度国家，出现过一次少有的严寒天气，北欧地区最低气温达 −42℃；美国东北部出现40年罕见的暴风雪；漫长而强大的寒流袭击英国；俄罗斯、德国、罗马尼亚、匈牙利、法国无一幸免酷寒之灾；我国渤海、黄海出现30年最严重的海冰灾害（图5-46），给航运交通、水产养殖、港口工程、海上设施以及沿海地区的社会稳定造成了严重危害，辽宁、河北、天津、山东四省市直接经济损失达63.18亿元之巨。

海冰监测是海洋灾害预防措施之一，也是了解全球气候变化的需要。因为地球两极的冰雪占全球总量的95%以上，储存了全世界可用淡水的72%，两极冰层覆盖变化直接引起海平面的起伏，导致全球气候异常。在20世纪60年代之前，人们对海冰的监测方法主要依靠地面台站或考察采点测量，高纬

图5-45 格陵兰冰架滑落的冰山

图 5-46 渤海海冰灾情实景（2010 年 1 月 15 日）

度人迹罕至地区和南、北极两极的海冰观测数据很少。伴随航天事业的兴起，航空、航天遥感技术迅速在大气、海洋等各个领域得到广泛应用，海冰遥感监测成为一个重要研究课题。

用于海冰探测的遥感器有光学遥感器和微波遥感器两类。光学遥感获取的影像数据幅面宽、重访周期短、图像直观，对于监测海冰的结冰、融冰过程十分有效：海冰在 0.4~0.5 微米波段（蓝光），反射率在 10% 左右；淡冰在 0.4~0.7 微米的可见光波段反射率在 30%~60%，其大小与冰内泥沙含量、冰面粗糙程度有关，到 0.75 微米以后的近红外波段，冰成为热的全吸收体，所以 0.7~1.1 微米波段的反射率明显降低；在 3.0~14.0 微米的热红外波段，海冰与海水的红外辐射能量有明显差别，红外辐射能量与物体的绝对温度成正比，所以海冰在可见光或远红外波段上的影像十分清楚。利用多光谱复合判识海冰的方法，根据反射率与冰厚的关系，就可以得到海冰分类、海冰覆盖度和海冰面积等参数。根据海冰漂浮轨迹估算南北极洋流走向，根据海冰破裂程度和海冰面积变化估算海水温度变化，然后通过逐年的变化预测世界气候的变化趋势。

可见光遥感器的缺点是容易受大气影响，无法实现全天候观测，而微波遥感独特的全天候、全天时成像能力，可以弥补光学遥感的缺点，特别是合成孔径雷达 (SAR)，它获取的 SAR 数据包含着丰富的海洋信息。微波对海冰具有一定的穿透能力，能够有效探测到海冰厚度，国内外利用 SAR 信息提取海冰类型、海冰面积、海冰密集度和海冰最大外缘线的反演技术比较成熟，利用微波和光学遥感信息融合（图 5-47），可以更精确地获取到海冰的各类参数。

中国海冰观测与研究起步于 20 世纪 70 年代初。1969 年渤海发生特大海冰灾害，整个渤海海面几乎全被海冰覆盖，冰厚度大、冰质坚硬，海冰推倒海上石油平台，塘沽、秦皇岛、葫芦岛、营口和龙口等港口的海上交通运输处于瘫痪状态……灾害教训引起政府和科研部门的重视，以渤海和黄海北部海域为重点的海冰监测系统开始建设，沿岸海洋站观测、岸基雷达观测、海上石油平台观测、海上破冰船调查等基础设施逐步完善。90 年代到 21 世纪初是中国遥感应用技术发展的飞跃期，很快形成以航空、航天遥感为主，地面监测点、线、面结合的立体交叉海冰监测网络。

21 世纪初开始，我国气象（FY）和海洋（HY）两大专业应用卫星逐步形成覆盖全球的常态全天候运行，能够实时提供丰富的全球气象和海洋的观测资料。从 80 年代中期以来的 30 多年，中国发展和完善了地球南、北两极的科考站和船等基础建设，为多领域的科学研究提供了可靠支持。中国的海冰探测与研究不再局限于本土海域，而扩展到包括全球范围的气象学和海洋环境学，面向人类共同的问题，为维护地球绿色家园做出了贡献。

图 5-47 渤海海冰监测的微波和光学遥感融合影像（2010 年 2 月 15 日）

左图标注：2010.2.15 ASAR影像
右图标注：2010.2.15 多光谱成像仪影像

不断拓展的遥感应用

遥感应用技术是 20 世纪中后期才发展起来的新兴学科，半个世纪以来，它以任何学科发展都不能够与之相比的速度，延伸到地球科学及人类社会生产活动的各个领域，迄今为止，新的应用学科还在不断扩展。本书作为一个普通科普读物，要想做到无遗漏地全面介绍是不可能的，基于篇幅限制和作者本人的知识水平，只能选择一些大众容易接触到的应用事例，做入门式的介绍，以扩展读者知识面。

其实，当我们明白了遥感探测和遥感应用技术的基本原理后，有些应用目标是可以想象得到的。例如，遥感技术应用于城市规划建设、地区环境监测；遥感应用于考古发现；遥感应用于军事侦察；遥感应用于战场监测；遥感应用于月球、火星等行星际探测等。

遥感既然能够用于地质探矿，那么也就能够用于考古发现，二者有相似的机理。著名的遥感考古事例是秦始皇陵地宫的探测，

这是一项被列入"国家 863 计划"的科研任务，科研人员使用可见光相机、高光谱仪、红外探测仪、微量元素探测仪、气体探测仪、微波遥感器等多种遥感器，对秦始皇陵区 56.25 平方千米范围，进行过多次航空遥感和地面遥感探测，获取了陵区地形地貌、地表植被、温度分布、地层物质结构、光谱特性分布、辐射特性分布等相关要素，绘制出了在封土堆下大约 35 米处秦陵地宫内部结构，为秦陵考古研究部门提供了参考。

从 20 世纪 90 年代开始，遥感考古形成一个独立应用学科得到迅速发展，近年来不断取得新的成果。例如，利用卫星遥感技术，发现了珠江口明代沉船；系统调查了我国渤海、黄海、东海等海域的海底沉船；在新疆地区发现了消失的汉唐古长城（图 5-48）；在塔克拉玛干大沙漠腹地发现古桑园遗址；在广西发现联系长江和珠江水系的"古灵渠"……遥感成为考古人员的"第三只眼"，以更广的视野、更高的效率获得大量信息，从而推动考古研究和考古学的革新发展。

任何先进科学技术都是一把双刃剑，既

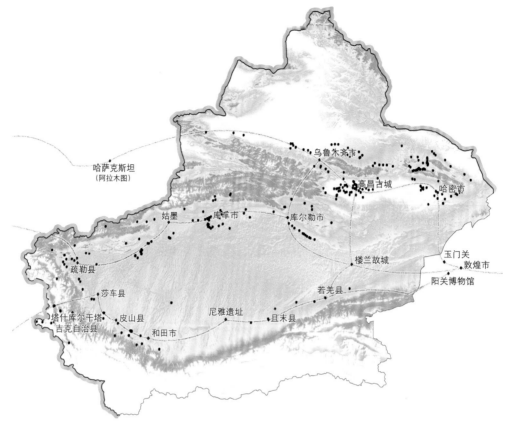

图 5-48 遥感考古新疆长城遗址专题图（中科院遥感所发布）

可以和平利用，也可以变成战争工具，遥感技术也不例外，在军事斗争领域，已经成为强军利器。所谓遥感的军事应用，并没有理论与技术的本质变化，相同技术能用于民，就能用于军，军民应用区别只是信息使用者赋予的属性改变。从辩证观点上看，一项技术用于军也是为民，只有强大的军事后盾，才能缔造永久的和平，军民并不存在科学技术上的鸿沟。可见光遥感早在航天技术之前就被广泛应用于对敌侦察和战场监视；军用地图和民用地图无本质区别，只有提供信息量的区别，军事地图分辨率高，信息量丰富，标注详细，民用地图相对简略，没有重要机密、绝密信息的标注。

在寒冷的冬天，人们很容易看到一种现象：地面覆盖一层厚厚积雪，可是在有些地方却清晰地显露出无雪或少雪印迹，这是为什么？因为地下如暖气管井等工程设施的温度比它周围地区高，对外热辐射强，地面上落雪不易积存，从而在积雪的地面上"复印"出它们的痕迹。所以，红外影像很容易发现地下掩体、坑道等军事工程；利用红外相机热辐射成像原理，还可以辨别假坦克和真坦克，真人和假人，塑料仿真草皮和真实草木……因为，真假目标的热辐射显著不同，在红外相机下会被剥掉伪装，显露真容。

微波遥感由于具有全天候、全天时的特点，比红外相机更胜一筹：合成孔径雷达（SAR）能够获取大范围内的三维影像，其厘米量级的高精度空间分辨率（图 5-49），让敌方战场完全透明，军事装备种类、型号、兵力部署和哨位、战力等均被观察得清清楚楚，战场完全透明。因此，人们说现代战争是信息化战争，谁占据战场信息的主导权，谁就赢得了战争的胜利。

随着人类航天事业的持续发展，走向深

图 5-49 中国东南沿海某地浮筏养殖场的 SAR 遥感影像

空，开拓地外生存空间的梦想将更加激发地球人类探索行星际空间的欲望，遥感技术无疑是充当开路先锋的最好选择。在目前的月球探测、火星探测以及金星、木星、土星及它们的卫星探测的主要手段都是利用遥感技术搜集被探测星球上的图像或数字信息，从中分析研究其环境特征，包括地理形貌、地质构造、大气环境、物理化学特征等，乃至探测器自身的运行工作状态，也通过遥感技术来监测。

例如，中国的嫦娥一号月球探测器，在距离月球表面 200 千米的轨道上，利用干涉成像光谱仪、激光高度计、CCD 立体相机获取月球表面三维立体影像（图 5-50）；利用 γ 射线谱仪、X 射线谱仪对月球表面有用元素及物质类型的含量和分布进行辨析；利用微波探测仪，探测月壤厚度和氦 –3 资源量；利用太阳高能粒子探测器和太阳风离子

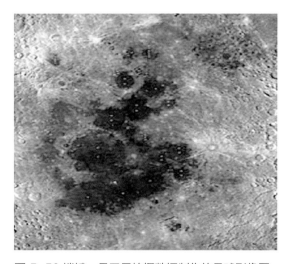

图 5-50 嫦娥一号卫星拍摄数据制作的月球影像图

探测器搜集月球空间环境的辐射质子、电子和离子，研究月球高、中、近层的空间环境状态。还有，人们从电视新闻上看到的火星车着陆火星表面的场景，是由留在环绕火星轨道上的探测器摄制传回地面的。

美国在 1977 年先后发射了两艘行星际探测器旅行者 1 号和 2 号，它们在太阳系已经遨游了 40 多年，传回的土星及其卫星的照片，使得地球人首次看到了地球之外另一颗星球的真容……

现代天文观测是一个重要科学领域。无论是利用地面上那些庞大的射电天文望远镜和光学天文望远镜，还是利用 20 世纪六七十年代后才发展起来的涵盖红外、可见光、紫外、X 射线、γ 射线全波段的空间天文观测去窥视宇宙的诞生与发展。因此天文学观测目标的"遥远"远远超过目前任何空间对地观测遥感设备的距离。号称中国"天眼"的目前世界上最大的贵州 FAST 射电天文望远镜，天线口径 500 米（图 5-51），能够接收到来自宇宙深空，距离地球 137 亿光年的电磁辐射信号，观测范围可达宇宙边缘。20 世纪末 21 世纪初，美国先后研制发射的四大太空望远镜——哈勃、斯皮策、钱德拉和康普顿－费米，分别工作在可见光、红外线、X

射线和 γ 射线波段，它们从不同角度窥视宇宙，获取到数十万幅来自宇宙深空的精彩影像，在哈勃望远镜所获取的宇宙全景图中，展示了 15000 多个星系的形貌，它们带来 21 世纪初空间天文学的重大跨越。

虽然天文探测也是"非接触遥远的感知"，但科学技术分类并不把天文探测纳入遥感领域，因为它和对地探测遥感技术有着本质上的区别：

第一，天文观测对象是宇宙空间的星系、星云、星体，以及现在天文学中最热的"两暗一黑"（暗物质、暗能量和黑洞）。天文观测对象的遥远尺度已经不是米、千米，而是用光年来计量，即把按光速传播一年的行程长度作为距离单位，1 光年相当于 9.4608×10^{12} 千米距离，由此可以想象这个"遥远"的尺度有多大！从地球上观测太空，月球、火星、金星应当是最近的目标了，地月平均距离只有 384400 千米，光从月球传到地球只需要 1 秒多；金星到地球平均距离

图 5-51 中国天眼 FAST 射电天文望远镜实景

约 4150 万千米；火星距离地球最近约 5500 万千米，最远超过 4 亿千米，相比起来都还不到 1 光年距离的零头。由此可见天文探测的遥远已经不是遥感定义中那个有限的"非接触遥远的感知"的概念了。

第二，天文观测目标距离遥远，因此来自宇宙空间被观测目标的电磁辐射不是现在时间的，而是过往的，这与对地观测遥感获取被观测目标的实时信息有本质上的区别。地球上现在看到牛郎和织女两颗星星发光，分别是它们 16 年前和 26.4 年前发出的，因为它们到地球的距离分别是 16 光年和 26.4 光年。同样道理，2015 年最新发现的"开普勒 438b"是一颗和地球相似程度高达 88% 的类地球行星，被科学家们鼓吹为未来地球人类太空移民的选择之一，可是它距离地球 470 光年，就是说天文望远镜接收到开普勒 438b 星传来的电磁辐射信息是它 470 年前发出的，如果要到那里去，就是乘坐超光速飞船也得 470 年，向那里进行太空移民似乎不太可能！还有更远的天体，如哈勃、钱德拉和斯皮策太空望远镜看到的草帽星系（图 5-52），距离地球 2930 万光年，无论是哈勃望远镜接收到的可见光信息，还是钱德拉、斯皮策望远镜接收的红外、X 射线信息都是草帽星系 2930 万年前发出的，而草帽星系现在是啥样儿，要等 2930 万年后才能看到。所以科学家们说，天文学研究的是宇宙世界的"前世今生与未来"，从观测中去追索宇宙的起源，各个星系、星云、星体的诞生、发展与死亡过程是"前世"，对地球所在的太阳系的观测研究是"今生"，然后从宇宙中不同星系、星体的演变推测地球所在太阳系的"未来"。

第三，遥感观测地面目标主要是接收地面实时反射来自太阳的辐射能量或物质自身的电磁辐射，而天文观测接收的是来自宇宙

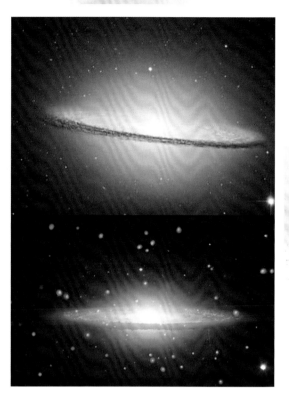

图 5-52 四大太空望远镜获取的草帽星系影像

上图：哈勃观测数据制作的可见光影像

下图：由哈勃、钱德拉、斯皮策观测数据合成的红外、X 射线和可见光影像

深空物质（包括星系、星云、星体等）的辐射能量，太阳辐射恰恰是天文观测需要屏蔽的外部干扰。更重要的是，因为被观测目标很遥远，而且是目标过去多少年发出来的电磁辐射信息，漫长的时间旅程，信息变得非常微弱，微弱到已经不能按照通常对地观测使用的波段、波长来接收处理，而必须从经典"波动说"跨越到"粒子说"，通过一个一个光子、粒子的计数方式来接收这些微弱信息。由此带来的重大技术变化是，天文学探测仪器设计在继承某些遥感技术的基础上发展出自身的、适用于粒子说理论的独特信息接收手段。例如，著名的钱德拉 X 射线天文望远镜，总重约 4.8 吨，主镜为四台套筒式掠射望远镜，每台口径 1.2 米，焦距 10 米，

接收面积 0.04 平方米，采用沃尔特型光路。配置有：一套 CCD 成像频谱仪（ACIS）观测能段是 0.2 ~ 10keV（千电子伏特）；一套高分辨率照相机（HRC）由 2 台微通道板探测器组成，观测能段是 0.1 ~ 10keV，时间分辨率达到 0.016 秒；一套高能透射光栅摄谱仪（HETGS），观测能段是 0.4 ~ 10keV；一套低能透射光栅摄谱仪（LETGS），观测能段是 0.09 ~ 3keV。中国悟空号卫星是宇宙暗物质探测器，重量约 1.4 吨，它的信息接收核心部件由塑料闪烁体阵列、硅径迹探测器、BGO 量能器和中子探测器叠加组成（图 5-53），其中塑料闪烁体阵列用来测量入射宇宙线的电荷以区分不同核素，也可区分高能电子和伽马射线；硅径迹探测器用来测量入射宇宙线粒子的方向和电荷；BGO 量能器用来测量宇宙线粒子的能量，并可区分宇宙线中电子与质子；中子探测器测量的是宇宙线粒子在探测器上面 3 层中产生的次级中子。所以它的结构形式和工作原理都和传统的遥感器不同。

现代遥感技术就是人的眼睛、耳朵功能的扩展与延伸，借助高科技手段使得今天的地球人有了超越幻想的千里眼和顺风耳，借此看到更丰富的地球世界，更广阔的认知视野，直达宇宙苍穹。

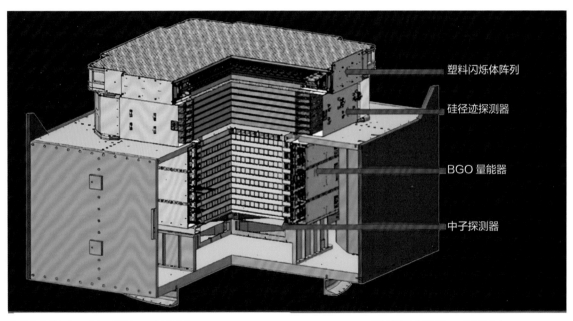

电荷（dE/dx in PSD, STK and BGO）　　　　径迹测量（STK and BGO）
粒子鉴别（BGO and neutron detector）　　　能量测量（BGO bars）

图 5-53 中国悟空卫星暗物质探测器结构示意图